"十三五"国家重点出版物出版规划项目
现代机械工程系列精品教材

# 工业机器人仿真与编程技术基础

郇　极　著

机械工业出版社

本书介绍了使用 Java 语言和 OpenGL 图形编程工具开发 Android 操作系统下工业机器人仿真软件的编程方法和程序实例。通过学习本书，读者可以自己编写一个简单的工业机器人运动仿真程序，使其在 Android 操作系统的手机和平板计算机上运行。

本书的主要内容包括：概述、工业机器人仿真程序和仿真样机介绍、编程语言介绍、应用程序开发环境介绍、图形编程介绍、工业机器人部件仿真编程、工业机器人仿真程序操作界面编程、工业机器人运动仿真编程、圆柱坐标系坐标变换编程、工业机器人程序控制运动仿真编程。

本书可作为各类高等院校相关专业工业机器人实践类课程的教材，工程技术人员进行工业机器人仿真方向的研究资料，以及编程爱好者自学 Android 操作系统下 OpenGL 编程技术的入门教材。

**图书在版编目（CIP）数据**

工业机器人仿真与编程技术基础/郇极著. —北京：机械工业出版社，2021.7（2024.1 重印）

"十三五"国家重点出版物出版规划项目　现代机械工程系列精品教材

ISBN 978-7-111-68427-5

Ⅰ.①工…　Ⅱ.①郇…　Ⅲ.①工业机器人-仿真设计-高等学校-教材②工业机器人-程序设计-高等学校-教材　Ⅳ.①TP242.2

中国版本图书馆 CIP 数据核字（2021）第 110378 号

机械工业出版社（北京市百万庄大街 22 号　邮政编码 100037）
策划编辑：舒　恬　责任编辑：舒　恬
责任校对：李　杉　封面设计：张　静
责任印制：李　昂
北京捷迅佳彩印刷有限公司印刷
2024 年 1 月第 1 版第 2 次印刷
184mm×260mm · 12.5 印张 · 307 千字
标准书号：ISBN 978-7-111-68427-5
定价：39.00 元

电话服务　　　　　　　　　　网络服务
客服电话：010-88361066　　机 工 官 网：www.cmpbook.com
　　　　　010-88379833　　机 工 官 博：weibo.com/cmp1952
　　　　　010-68326294　　金 书 网：www.golden-book.com
**封底无防伪标均为盗版**　　机工教育服务网：www.cmpedu.com

# 前　言

本书介绍了使用 Java 语言和 OpenGL 图形编程工具开发 Android 操作系统下工业机器人仿真软件的编程方法和程序实例，可以帮助读者学习 Android 操作系统下工业机器人仿真软件开发技术以及 OpenGL 编程技术。

平板计算机（Tablet Personal Computer）是目前广泛使用的移动多媒体设备。由于其具有丰富的显示、操作、计算和互联网功能，因此逐渐开始被应用于工业自动化控制领域。平板计算机既可以作为具有控制、操作和显示功能的全功能控制器，也可以作为主控制装置的操作和显示单元。控制过程的运动图形仿真可为操作和调试控制系统提供很大的方便，目前已经成为许多控制装置的必要功能和基本要求。

作者于 2016 年在北京航空航天大学的数控和伺服技术实验室网站上（www. nc-servo. com）发布了用于工业机器人教学和编程练习的虚拟工业机器人控制系统程序（PAD ROBOT）。它是运行在 Android 操作系统平板计算机或手机上的虚拟工业机器人控制系统程序，能够为使用者提供一个便捷、安全的工业机器人运动控制编程练习环境。使用者可以在平板计算机或手机上编写自己的机器人运动控制程序，然后在该系统上运行，从而学习工业机器人编程技术。该系统程序经过不断完善，目前已具有工业机器人控制系统的基本功能，包括运动控制程序创建、程序译码、关节坐标系运动控制、直角坐标系运动控制、工具姿态控制、直线和圆弧插补、工具补偿、工具更换、运行操作。

PAD ROBOT 是作者使用 Java 语言和 OpenGL 图形编程工具编写的工业机器人运动仿真应用程序。本书将作者开发该系统时所编写的典型图形和动画编程程序、机器人控制程序等介绍给读者，帮助读者学习工业机器人仿真软件开发技术及 Android 操作系统下的 OpenGL 编程技术。本书给出了手动操作机器人关节坐标系运动的程序演示示例，介绍了圆柱坐标运动控制功能和程序控制自动循环运行的编程方法和程序示例，以及译码器、插补器、圆柱坐标变换和程序运行管理的原理和编程示例，最终完成机器人执行圆柱坐标系运动控制程序自动运行的演示。

本书的主要内容如下：
- 第 1 章为概述，介绍了用平板计算机进行工业机器人仿真编程的意义和本书特色。
- 第 2 章介绍了作者开发的两个工业机器人运动仿真样机，读者可以把它们安装在平板计算机和手机上，完成操作演示。
- 第 3 章概要介绍了 Java 编程语言，给出了与本书后续内容相关的典型编程示例。
- 第 4 章概要介绍了基于 Android 操作系统的开发环境，给出了与本书后续内容相关的典型编程示例。

- 第 5 章以工业机器人运动仿真样机的基座部件为例，介绍应用 Android 操作系统和 OpenGL 编程的基本方法，完成机器人运动仿真样机基座部件的 3D 显示示例。
- 第 6 章以工业机器人部件仿真样机程序为例，完成工业机器人全部部件的 3D 建模和显示。
- 第 7 章介绍工业机器人仿真操作界面的编程方法和编程示例。
- 第 8 章介绍工业机器人运动仿真控制的编程方法和编程示例，最终完成机器人的运动演示。
- 第 9 章介绍圆柱坐标变换及其编程方法，并给出编程示例。
- 第 10 章介绍工业机器人控制系统工作原理、插补器原理、控制系统编程示例，包括对运动控制程序格式、译码器、插补器、圆柱坐标变换、运行控制管理的介绍，并给出数控程序控制演示示例。

附录 A~I 为本书示例程序的源程序文档。

按照本书的内容顺序和示例程序，读者可以自己编写出一个简单的工业机器人运动仿真程序，并在 Android 操作系统下的手机和平板计算机上运行。本书内容对使用 OpenGL 编程工具编写 Android 操作系统下的其他图形显示软件也具有参考作用。

本书配备的电子资源有：PAD ROBOT 安装程序、GL ROBOT 安装程序（关节坐标系控制）、GL ROBOT CL 安装程序（圆柱坐标系运动控制）、GL ROBOT PR 安装程序（数控控制程序）、_surface 类的 Java 源程序、GL_CONST 类的 Java 源程序、ROB_PAR 类的 Java 源程序、JOINT 类的 Java 源程序。读者可在机械工业出版社教育服务网（www.cmpedu.com）上下载。

书中难免有疏漏和不足之处，敬请各位读者批评指正。

**作 者**

# 目 录

# 第 1 章

# 概　　述

工业机器人运动仿真是指利用机器人控制系统或仿真系统将机器人的控制程序转换成可视的动作过程的动画，使机器人的运动情况在显示器上直观地显示出来。在机器人应用领域，工业机器人运动仿真技术可以用于离线编程控制程序的模拟和检查，例如运动路径、速度的模拟和碰撞检查等，或用于模拟显示工作现场运行状态；在机器人控制软件开发领域，工业机器人运动仿真技术可以用于控制软件功能和参数的测试；在机器人结构设计领域，工业机器人运动仿真技术可以用于机器人结构参数的检查和优化，例如，结构布局和工作空间的检查和优化等。此外，操作人员培训也是工业机器人运动仿真技术的一个重要应用领域，操作人员可以在仿真系统上练习工业机器人的操作和编程，以提高培训效率，避免操作事故。

由于平板计算机（Tablet Personal Computer）具有丰富的显示、操作、计算和连接网络等功能，因此逐渐开始被应用于工业自动化控制领域。平板计算机既可以作为具有控制、操作和显示功能的全功能控制器，也可以作为主控制装置的操作和显示单元。控制过程的运动仿真能为控制系统操作和调试提供很大的方便，目前已经成为许多控制装置的必要功能和基本要求。

作者于 2016 年在北京航空航天大学数控和伺服技术实验室网站（www. nc-servo. com）上发布了用于工业机器人教学和编程练习的虚拟工业机器人控制系统程序（PAD ROBOT）。它是能够运行在具有 Android 操作系统的平板计算机或手机上的虚拟工业机器人控制系统程序，为使用者提供一个便捷、安全的工业机器人运动控制编程练习环境。使用者可以在平板计算机或手机上编写自己的机器人运动控制程序，借助该系统的仿真功能来学习工业机器人编程技术。该系统具有工业机器人控制系统的基本功能，包括运动控制程序创建、程序译码、关节坐标系运动控制、直角坐标系运动控制、工具姿态控制、直线和圆弧插补、工具补偿、工具更换、运行操作等。

PAD ROBOT 系统是使用 Java 语言和 OpenGL 图形编程工具编写的工业机器人运动仿真应用程序。本书提取出开发 PAD ROBOT 控制系统时关于手动操作机器人关节坐标系运动的编程示例和运动演示，圆柱坐标运动控制功能和程序控制自动循环运行的编程方法和程序示例，以及译码器、插补器、圆柱坐标变换和程序示例运行管理的内容，以帮助读者学习工业机器人仿真软件开发技术及 Android 操作系统下的 OpenGL 编程技术。

## 1.1 开发和编程环境

本书所介绍的工业机器人运动仿真编程方法和编程示例是使用 Android（安卓）应用程序开发工具 Eclipse 和 Java 编程语言编写的，因此可以直接在具有 Android 操作系统的平板计算机或手机上运行。Google 公司提供了一个 Android 集成开发环境，下载网址为 http://developer. android. com/sdk/index. html⊖。本书编程示例所使用的安装版本为 jdk-6u22-windows-i586. exe。若将该程序安装在 Windows 操作系统中，就可以在 Windows 操作系统的 PC 上开发 Android 应用程序；若将 Android 版本的安装程序下载并安装到平板计算机或手机上，即可在平板计算机或手机上进行开发。

关于下载和安装 Android 集成开发环境的具体步骤及 Eclipse 的相关操作，请读者参考其他相关书籍学习，本书不展开介绍。

## 1.2 OpenGL 图形编程工具

OpenGL（Open Graphics Library）是一个开放的图形程序接口，它为开发三维图形应用提供了功能强大的底层图形库。OpenGL 的应用时间已经超过 20 年，是目前使用最广泛的三维图形编程工具之一。

OpenGL ES（OpenGL for Embedded Systems）是对 OpenGL 进行裁剪产生的子集，适用于手机、平板计算机、游戏机、家电设备、车载设备等。Android 2.2 以后的版本开始支持 OpenGL ES。

Android 应用程序开发工具 Eclipse 集成了 OpenGL ES 编程接口，本书所提供的图形编程示例都是用 Java 语言和 OpenGL ES 接口完成的。

## 1.3 本书特点

在北京航空航天大学数控和伺服技术实验室网站（www.nc-servo.com）上，作者已经发布了 PAD ROBOT 的 Android 应用程序 apk。它是一个 6 自由度关节式虚拟工业机器人的应用程序，可在 Android 操作系统的平板计算机或手机上运行，用于工业机器人教学和编程练习。PAD ROBOT 的所有程序都是本书作者编写的。

本书以 PAD ROBOT 的三维图形运动显示部分的程序为例，介绍使用 OpenGL 编写 6 自由度关节式工业机器人运动仿真程序的方法，所有示例程序均来自 PAD ROBOT 程序。为了突出介绍 OpenGL 工业机器人三维运动仿真编程方法，便于读者理解，本书对程序进行了简化处理。

本书的特点是用程序示例的方式介绍 OpenGL 工业机器人运动仿真控制的图形编程方法，在具体的编程场景中，不对所调用的函数或参数作全面解释，而只讲解在本书的应用。

---

⊖ 本书中涉及的该类网站可能因为被屏蔽而无法访问，读者可查阅相关信息自行解决。

读者可以根据需要，参考其他书籍来学习函数和参数调用的完整功能。

　　在开始使用本书学习 OpenGL 工业机器人图形编程之前，读者需要基本掌握 Android 应用程序开发工具 Eclipse 和 Java 编程语言。学习本书之后，读者应该可以自行编写出一个 6 自由度关节式工业机器人运动仿真程序，并使其在手机和平板计算机上运行。本书内容对使用 OpenGL 编程工具编写 Android 操作系统下的其他图形显示软件也具有参考作用。

# 第 2 章

# 工业机器人仿真程序和仿真样机介绍

为了便于学习使用 OpenGL 编程工具编写工业机器人仿真程序的基本方法，本书对 PAD ROBOT 程序进行了简化，重点介绍使用 OpenGL 编写工业机器人 3D 图形显示程序的方法，删减了工业机器人控制技术方面的内容，例如数控程序译码、插补、坐标变换等程序。简化后的机器人运动仿真样机的程序名为 gl_robot，本书随附的资源提供了其安装程序。

## 2.1 工业机器人仿真程序 PAD ROBOT

PAD ROBOT 系统可在 Android 操作系统的平板计算机或手机上运行，为使用者提供了一个便捷、安全的工业机器人运动控制的编程练习环境。使用者可以在平板计算机或手机上编写自己的机器人运动控制程序，借助该系统中的仿真功能来学习工业机器人编程技术。PAD ROBOT 系统具有工业机器人控制系统的基本功能，包括运动控制程序创建、程序译码、关节坐标系运动控制、直角坐标系运动控制、工具姿态控制、直线和圆弧插补、工具补偿、工具更换、运行操作等。

PAD ROBOT 的安装有两种途径，一是将本书配套资源中的 pad_robot_k. apk 安装程序复制并安装到 Android 手机或平板计算机上，二是从 www. nc-servo. com 网站下载该程序后安装。程序启动后屏幕显示的界面如图 2-1 所示。

PAD ROBOT 界面包含了 6 个控件，包括仿真任务、程序、工件、工具选择控件，机器人位置数字显示控件，以及机器人的 3D 动画显示控件。PAD ROBOT 预置 9 个演示程序、4 种工具，可以演示系统的基本功能和操作。演示操作步骤如下：

1）单击"启动"键，可以观看第 1 个演示程序运行。

2）单击"任务"键可以选择其他 8 个演示程序的运行。

3）单击"帮助"键可以了解系统的全部功能，可帮助使用者编写多种类型数控程序。

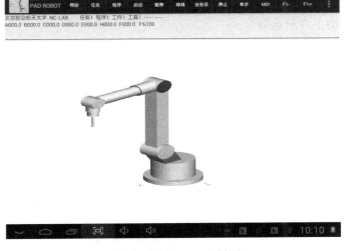

图 2-1　PAD ROBOT 界面

## 2.2　工业机器人仿真样机 GL ROBOT

为了突出本书的学习重点，即 OpenGL 的基本编程技术，作者对 PAD ROBOT 中非 OpenGL 程序部分，例如译码、插补、坐标变换、速度控制、自动屏幕尺寸适应、视图变换 等进行了删减，形成了精简的机器人运动仿真样机 GL ROBOT 来作为本书的编程示例程序。 将本书配套资源中的 gl_robot.apk 安装程序复制并安装到 Android 手机或平板计算机中，运 行后的显示界面如图 2-2 所示。

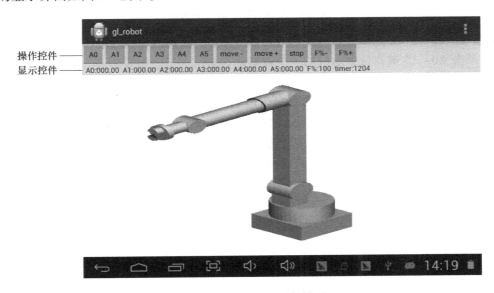

图 2-2　GL ROBOT 运行界面

（1）界面中的操作控件功能

1）A0～A5：选中运动的关节，可以选中、解除选中和多选。

2）move-：启动负方向运动。

3）move+：启动正方向运动。

4）stop：停止运动。

5）F%-/F%+：用于调整运动速度，F 值是相对于示例程序中给定的最大速度（900°/min）的百分比。

（2）界面中显示控件的含义

1）A0~A5：关节位置（°）；

2）F%：运动速度调整的显示；

3）timer：定时器的计数值。

GL ROBOT 中，工业机器人的 6 个关节的名称如图 2-3 所示。

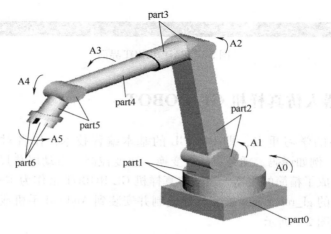

图 2-3  工业机器人的关节名称

操作示例如下：

1）单击 A0~A5 键，选中对应的关节或解除选中的关节，可以多选；

2）单击 move+键，启动选中关节的正方向运动；

3）单击 move-键，启动选中关节的负方向运动；

4）单击 stop 键，停止选中关节的运动；

5）单击 F%-键，减慢选中关节的转速；

6）单击 F%+键，增加选中关节的转速。

# 第 3 章

# 编程语言介绍

Java 是一种功能强大的跨平台程序设计语言，是目前应用最为广泛的计算机编程语言之一，前两章所述的工业机器人 Android 应用程序就是采用 Java 语言编写的。本章将主要介绍 Java 语言的基本特点、开发环境、程序结构、数据类型、表达式和运算符，以及编写工业机器人仿真软件所涉及内容的语法要点。本章介绍的内容是在平板计算机中编写工业机器人仿真程序的基础，更详细的 Java 语法规则可以通过查阅其他参考书来了解。

## 3.1 Java 程序设计

### 3.1.1 Java 语言特点

Java 是一种面向对象的编程语言，它具有卓越的通用性、高效性、平台移植性和安全性，广泛应用于 PC、数据中心、游戏控制台、超级计算机、移动电话和互联网。Java 语言的特点有如下 5 个方面：

**1. 面向对象**

Java 语言是完全面向对象的语言。Java 提供了类的机制，在对象中封装了成员变量和方法，实现了数据的封装和信息隐藏。类通过继承和多态，实现了代码的复用。

**2. 简洁有效**

Java 语言省略了 C++语言中难以理解、容易混淆的特性，例如头文件、指针、结构、单元、运算符重载、虚拟基础类等。因此，Java 语言更加严谨、简洁。

**3. 安全性**

Java 语言摒弃了指针，一切对内存的访问都必须经过对象的实例变量来实现，阻止了以不法手段访问对象的私有成员，同时避免了指针操作中容易产生的问题。Java 语言的运行环境提供了字节码校验器、类装载器和文件访问限定功能等内部安全机制，保证了 Java 程序和系统资源的安全性。

**4. 操作平台无关性**

Java 程序在编译器中被转化成与平台无关的字节码指令，因此，相同的程序不需要更改就可以在各种操作系统上运行。与平台无关的特性使得 Java 程序可以被方便地移植到不同的机器上。

**5. 多线程**

Java 是第一个支持多线程的高级语言，这大大简化了多线程程序的编写。

### 3.1.2 开发环境

Java 程序的开发环境可以分为开发工具集（Java Development Kit，JDK）和集成开发环境（Integrated Development Environment，IDE）。

**1. JDK**

JDK 是 Sun 公司（已被 Oracle 公司收购）的 Java 程序开发工具集，它包括了 Java 运行环境、Java 工具和 Java 基础类库，可以免费从 Oracle 公司的网址（http://www.oracle.com）下载。

**2. IDE**

除了 JDK 以外，一些集成开发工具为人们提供了更为方便的交互式开发环境。广泛使用的 IDE 包括 Eclipse、NetBeans、JBuilder、Sun ONE Studio 5 和 IntelliJ IDEA。其中，Eclipse 是 IBM 公司开发的一个开放源代码、基于 Java 的可扩展开发平台。Eclipse 附带了一个标准的插件集（包括 JDK），它是非常重要的 Java 开发工具。Eclipse 同样是 Android 应用程序的开发工具，本书示例程序全部使用 Eclipse 编写。本书第 4 章将介绍使用 Eclipse 搭建 Android 开发环境的方法。

## 3.2 Java 语言基础

### 3.2.1 Java 程序的符号集

**1. 关键字**

关键字是系统预定义的具有专门意义和用途的符号。Java 语言的关键字见表 3-1。表中具有 * 标记的关键字是保留字，表示当前尚未使用。

表 3-1 Java 语言的关键字

| 首 字 母 | 关 键 字 | 首 字 母 | 关 键 字 |
|---|---|---|---|
| a | abstract | | class |
| b | boolean | c | const * |
| | break | | continue |
| | byte | | default |
| | byvalue * | d | do |
| | case | | double |
| | cast * | | else |
| c | catch | e | extends |
| | char | f | false |

（续）

| 首 字 母 | 关 键 字 | 首 字 母 | 关 键 字 |
|---|---|---|---|
| f | final | p | private |
| | finally | | protected |
| | float | | public |
| | for | r | rest * |
| | future * | | return |
| g | generic * | s | short |
| | goto * | | static |
| i | if | | super |
| | implements | | switch |
| | import | | synchronized |
| | inner * | t | this |
| | instanceof | | throw |
| | int | | throws |
| | interface | | transient |
| l | long | | true |
| n | native | | try |
| | new | v | var * |
| | null | | void |
| o | operator * | | volatile |
| | outer * | w | while |
| p | package | | |

**2. 标识符**

Java 中的包、类、方法、参数和变量的名称，可以由任意的大（小）写字母、数字、下画线"_"和符号"$"组成。标识符不能以数字开头，也不允许使用 Java 中的关键字。以下是标识符示例：

```
Student UserNames_style $money val12
```

**3. 注释**

为程序添加注释可以解释程序中某些语句的作用和功能，提高程序的可读性。Java 的注释可以分为以下 3 种类型：

1）单行注释。其形式为"//注释内容"。表示从双斜线"//"开始直到此行末尾的部分为注释。

2）多行注释。其形式为"/*注释内容*/"。表示从"/*"开始，直到"*/"结束的部分为注释。

3）文档注释。其形式为"/**注释内容*/"。表示从"/**"开始，直到"*/"结束的部分为注释。用这种方式注释的内容会被作为正式文档而被囊括到 Javadoc 等工具生成的文档里。

### 3.2.2 Java 程序的基本组成

由 Java 的各种符号可以构成 Java 应用程序。本小节通过一个简单的程序说明 Java 应用程序的基本结构，该示例程序的功能是在屏幕上显示字符串"Hello world!"，代码如下所示：

```
public class JavaHelloWorld{                        //类定义
  public static void main(String args[]){           //定义 main 方法
    System.out.println("Hello world!");             //系统标准输出方法
  }
}
```

#### 1. 分隔符

示例程序中使用的分隔符包括回车符"Enter"、空格符"Space"、制表符"Tab"、分号";"和大括号"{}"。其中，大括号表示类和方法的开始与结束，程序中的大括号的数目必须要成对匹配。

#### 2. 类定义

Java 程序都是由类组成的。示例程序第 1 行定义了一个名称为"JavaHelloWorld"的类。关键字"class"是类的标志；"public"是用来修饰 class 的，说明该类是公共类。class 语句后面是一对大括号，其中的内容就是类的成员。本示例中为该类定义了一个"main()"方法。

#### 3. main()方法

示例程序的第 2 行定义了 main()方法。它是 Java 程序的执行入口。含有 main()方法的类称为主类。一个 Java 程序中只能包含一个主类。关键字"static"表示 main()方法是静态方法，"void"表示方法无返回值，"String args[]"是方法的参数。main()方法声明语句后是一对大括号，其中的内容就是方法的主体。

#### 4. 方法主体

示例程序第 3 行是 main()方法的主体，它调用了系统标准输出方法"System.out.println()"，向屏幕输出字符串"Hello world!"。

### 3.2.3 常量与变量

常量是固定不变的量，一旦被定义，它的值就不能再被改变。常量名称通常使用大写字母表示，但这不是硬性要求。常量使用 final 修饰符进行声明，以下是常量的声明示例：

```
final int MAX_AXIS=127;
final double PI=3.1415926;
```

变量可为指定的内存空间命名，它的值可以被改变。变量的作用域是指可以访问该变量的程序代码范围。按照作用域的不同，变量可以分为类成员变量和局部变量。类成员变量在类的声明体中声明，它的作用域为整个类；局部变量在方法体或者方法的代码块中声明，它的作用域为它所在的代码块。变量的名称遵循标识符的命名规则，以下是变量的声明示例：

```
float feed_next_block;
int g0123,g01789;
```

### 3.2.4　数据类型

基本数据类型是指 Java 语言固有的数据类型，可以分为整数类型、浮点类型、字符型和布尔型。Java 语言的基本数据类型说明见表 3-2。

表 3-2　Java 语言的基本数据类型说明

| 基本数据类型 | | 关 键 字 | 长度/bit | 范　　围 | 默 认 值 |
|---|---|---|---|---|---|
| 整数类型 | 字节型 | byte | 8 | $-2^7 \sim 2^7-1$ | 0 |
| | 短整型 | short | 16 | $-2^{15} \sim 2^{15}-1$ | 0 |
| | 整型 | int | 32 | $-2^{31} \sim 2^{31}-1$ | 0 |
| | 长整型 | long | 64 | $-2^{63} \sim 2^{63}-1$ | 0 |
| 浮点类型 | 浮点型 | float | 32 | $-3.4 \times 10^{38} \sim 3.4 \times 10^{38}$ | 0.0F |
| | 双精度型 | double | 64 | $-1.7 \times 10^{308} \sim 1.7 \times 10^{308}$ | 0.0D |
| 字符型 | | char | 16 | $0 \sim 65535$（Unicode 符号） | \u0000 |
| 布尔型 | | boolean | 8 | true、false | false |

Java 语言有严格的数据类型限制。数据类型的转换方式可以分为隐式转换及强制转换。隐式转换分为两种情况：第一，在赋值操作时，如果将较短类型的数据赋给较长类型，则类型转换由编译系统自动完成；第二，在计算过程中，如果一个较短类型的数据与较长类型的数据进行运算，系统会自动把较短类型的数据转换成较长类型的数据，再进行运算。以下是隐式数据类型转换的示例：

```
double x=100;//整数型数据 100 被隐式转化成 double 类型
```

强制转换的语法格式为（数据类型）表达式，示例如下：

```
int result=(int)2.45;//浮点型数据 2.45 被强制转化成 int 类型,值为 2
```

### 3.2.5　运算符和表达式

运算符是执行数学和逻辑运算的标识符。Java 语言的运算符非常丰富。表达式是由常量、变量或其他操作符与运算符所组合而成的语句。表达式是程序组成的基本部分。Java 语言运算符的优先级、类型及对应的表达式示例见表 3-3。

表 3-3　Java 语言运算符的优先级、类型及对应的表达式示例

| 优先级 | 类型名称 | 运算符 | 表达式示例 |
|---|---|---|---|
| 1 | 结合运算 | ( ) | (a+b)/c |
| | 数组变量标识符 | [ ] | inp. ax. pos[ 1 ] |
| | 引用 | . | |
| 2 | 逻辑否 | ! | !value |
| | 正号、负号 | +、- | -i |
| | 按位取反 | ~ | ~value |
| | 递增、递减 | ++、-- | i++ |
| 3 | 乘、除、取余 | *、/、% | a/b　c*5　d%10 |
| 4 | 加、减 | +、- | e+f |
| 5 | 位左移、位右移 | ≪、≫ | value≪8 |
| 6 | 大于、大于等于、小于、小于等于 | >、>=、<、<= | cycle_counter>=cycleTimes |
| 7 | 等于、不等于 | ==、!= | cmd. decode = = CMD. DO |
| 8 | 按位与 | & | a & b |
| 9 | 按位异或 | ^ | a ^ b |
| 10 | 按位或 | \| | a\|b |
| 11 | 逻辑与 | && | rslt1 = = true && rslt2 = = false |
| 12 | 逻辑或 | ‖ | rslt1 = = true ‖ rslt2 = = false |
| 13 | 条件运算符 | ?: | rslt1 = = true ? val = 5 ; val = 1 |
| 14 | 赋值运算符 | = | A = b |

## 3.2.6　控制语句

控制语句用于控制计算机完成规定的程序分支和引用。控制语句关键字的语义和示例见表 3-4。

表 3-4　控制语句关键字的语义和示例

| 语句关键字 | 语义 | 示例 |
|---|---|---|
| return | 从语句块中返回 | return; |
| if | 条件判断语句 | if( a<0){<br>　　　b=1;<br>　　} |
| else if<br>else | 阶梯型条件判断语句 | if( a<0){<br>　　　b=1;<br>　　}<br>　else if( a=0){<br>　　　b=2;<br>　　}<br>else {<br>　　b=3;<br>　　} |

（续）

| 语句关键字 | 语　义 | 示　例 |
|---|---|---|
| switch<br>case<br>default | 多分支条件语句 | switch(i){<br>　　　case 1：b=11；break；<br>　　　case 2：b=12；break；<br>　　　case 3：b=13；break；<br>　　　default：b=14；break；<br>　　} |
| for | 循环语句 | for(i=0;i<3;i++){<br>　　　a=i∗5;<br>　　} |
| while | 条件循环语句 | i=0;<br>while(i<3){<br>　　　a=i∗5;<br>　　　i++;<br>　　} |
| break | 从条件或循环语句块中退出 | break; |
| continue | 终止当前循环，执行下一次循环 | continue; |
| ; | 空语句 | ; |
| try<br>catch<br>finally<br>throw | 与异常处理相关语句 | 略（本书见3.3.5节） |
| import | 包引用语句 | 略（本书见3.3.6节） |

## 3.3　Java 语法要点

### 3.3.1　类和对象

#### 1. 类的定义

将具有相同属性及相同行为的一组对象称为类，它是 Java 程序的基本组成单元。类、属性和方法的定义格式和作用如下。

```
[修饰符] class 类名[extends 父类名][implements 接口1,接口2]{
    类属性声明:[修饰符] 属性类型 属性名
    类方法声明:[修饰符] 返回值类型 方法名(形式参数表)[throw 异常]{}
}
```

1）修饰符定义了类、属性和方法的访问特性及其他特性。修饰符包括 public、private、

protected、static、final、abstract 等。

2）继承是由现有的类创建新类的机制。子类（新的类）通过关键字 extends 继承父类（被继承的类）。Java 的类只能有一个直接父类，使用接口可以实现多重继承。一个类可以通过关键字 implements 实现一个或多个接口。

3）类属性也称为字段或成员变量，它的作用域是整个类。

4）类方法定义了该类的对象所能完成的某一项具体功能。类的构造方法是一种特殊的方法，它的定义方式与普通方法的区别包括以下 3 点：

① 构造方法的名称和类名相同。

② 构造方法没有返回值。

③ 构造方法在创建对象时被自动调用。

以下是创建机器人仿真程序 gl_robot 中部件 part0 部分的示例代码：

```
public class _part0 {
  private final FloatBuffer vertex_buffer;        //顶点缓冲区
  private final FloatBuffer normal_buffer;        //法向量缓冲区
  _surface surface=new _surface();                //加载 surface()类
  int vtx_n;                                      //顶点数目

  //---创建part0 基座---
  public _part0(){
  float[] vertices=new float[GL_CONST.MAX_VERTEX];
  float[] normals=new float[GL_CONST.MAX_VERTEX];
  float[] p0=new float[GL_CONST.VIEW_AXIS];
  float[] p1=new float[GL_CONST.VIEW_AXIS];
  float[] p2=new float[GL_CONST.VIEW_AXIS];
  float[] p3=new float[GL_CONST.VIEW_AXIS];
  float[] normal_p0=new float[GL_CONST.VIEW_AXIS];
  int i;
  //
  ...
  }
}
```

### 2. 创建对象

Java 程序用类创建对象，通过对象之间的信息传递完成各种功能。创建对象就是在内存中开辟一段空间，存放对象的属性和方法。创建对象分为声明对象和实例化对象两个步骤，它们的格式如下：

```
类名 对象名;                          //对象的声明
对象名=new 类名(参数列表);             //对象的实例化
```

也可以将两个步骤合为一个步骤，格式如下：

```
类名 对象名=new 类名(参数列表);              //对象的声明和实例化
```

以下是机器人仿真程序 gl_robot 中部件 part0~part2 的声明和实例化的示例代码:

```
public class viewRenderer implements Renderer {
  //加载 part0
  private_part0 part0=new_part0();
  //加载 part1
  private_part1 part1=new_part1();
  //加载 part2
  private_part2 part2=new_part2();
  //
  ...
}
```

**3. 对象的使用**

通过访问对象的属性和方法可以使用对象,需要使用引用运算符 "." 完成,其格式如下:

```
对象名. 属性名           //使用对象中的属性
对象名. 方法名           //使用对象中的方法
```

以下是机器人仿真程序 gl_robot 中使用对象_surface 的属性和方法的示例代码:

```
//加载 surface 类
_surface surface=new _surface();
//调用 surface 类的 rect_vertex()方法
surface. rect_vertex(p0,p1,p2,p3,normal_p0);
//引用 surface 类的变量
vtx_n=surface. vtx_n;
```

## 3. 3. 2 枚举类型

Java 5 以后的版本开始支持枚举类型。当需要一个有限集合,而且有限集合中的数据为特定值时,可以使用枚举类型。枚举类型的定义使用关键字 enum,其语法格式如下:

```
enum 枚举类型名{
  枚举值;
}
```

以下是枚举类型 OP_MODE 的示例代码:

```
public enum OP_MODE {
  AUTOMATIC,                //自动模式
```

```
    JOG,                        //手动模式
    EDIT,                       //编辑模式
    NULL                        //空闲
}
```

### 3.3.3 数组

数组是类型相同的有序数据集合，提供数据的顺序操作和处理机制。

**1. 数组的声明和初始化**

下面以一维数组为例介绍数组的声明和初始化过程。

一维数组的声明和初始化方法为：

```
数组类型[ ] 数组名;
数组名=new 数组类型[元素数目];
```

或

```
数组类型[ ] 数组名=new 数组类型[元素数目];
```

以下是一个元素数目为 $N$ 的整型变量数组 a 的声明和初始化示例：

```
int[ ] a=new int[N];
```

**2. 数组的引用**

Java 语言的数组元素引用方法与 C 语言相同，下面是一个一维数组的引用示例：

```
b=a[i];
```

**3. 多维数组**

使用多维数组可以处理更复杂的数据结构。以下是一个二维数组的声明和初始化示例：

```
int[ ][ ] a=new int[N][M];   //N 和 M 是整型变量或常数
```

### 3.3.4 String 类

**1. String 类对象的初始化**

使用 String 类可以定义字符串对象。下面介绍声明和初始化字符串的示例。

声明字符串对象 s1：

```
String s1;
```

用关键字 new 创建空白字符串对象 s2：

```
String s2=new String();
```

用赋值方式声明和初始化一个字符串对象 s3：

```
String s3="OK!";
```

**2. String 类型与基本数据类型之间的转换**

将基本数据类型转化成 String 类型有以下两种方法：

1）Java 提供 String. valueOf( )静态方法，它的功能是返回变量的字符串形式，例如：

```
int num=12345;
String str1=String. valueOf(num);//str1 的内容是"12345"
```

2）使用"字符串+操作数"形式时，操作数会被自动转换为 String 类型，例如：

```
int axisNum=8;
String str2="最大轴数"+axisNum;  //str2 的内容是"最大轴数 8"
```

基本数据类型都有一个对应的包装类（Wrapper Class），例如，int 类型对应 Integer 类，float 类型对应 Float 类。调用这些包装类的相应方法即可实现 String 类型向基本数据类型的转化，例如：

```
String s1="10";
int i=Integer. parseInt(s1);
String s2="3.14"
float f=Float. parseFloat(s2);
```

## 3.3.5　异常处理

异常是程序运行过程中发生的、会打断程序正常执行的事件，例如，被 0 除溢出、数组越界、文件丢失等都属于异常情况。3.3.4 小节最后一段程序中的方法 parseInt( )和 parseFloat( )在执行 String 字符串转化时，如果字符串不合法也会抛出异常。

Java 语言提供了 try-catch-finally 语句，用于实现异常的捕获和处理，其格式如下：

```
try{
   可能抛出异常的语句块
} catch(异常类 异常对象){
   发生异常时的处理语句
} finally{//finally 语句块是可以省略的且一定会运行到的程序代码
}
```

使用 try-catch-finally 语句后，String 类字符串转化成基本数据类型的完整代码如下：

```
try{
   String s1="10";
   int i=Integer. parseInt(s1);
```

```
    String s2 ="3.14"
    float f=Float.parseFloat(s2);
} catch(NumberFormatException exp){
    //发现非法字符,报警
    ...
}
```

Java 语言还支持在程序中使用关键字 throw 抛出异常及自定义异常种类，可查阅相关 Java 语法参考书了解这些语法规则的详细内容。

### 3.3.6　包的应用

包（Package）又称为类库，是 Java 语言的重要部分。包是类和接口的容器，用于分隔类名空间，一般将一组功能相近或者相关的类和接口放在一个包中，不同包中的类名可以相同。

创建包是指在当前目录下创建与包名结构一致的目录结构，并将指定的类文件放入该目录。包的声明使用关键字 package。package 语句必须是 Java 代码文件的第一条可执行语句，而且一个文件中最多只能有一条 package 语句。以下是机器人仿真程序 gl_robot 中包的声明语句，它指明了该文件定义的类属于包 com. example. gl_robot：

```
package com.example.gl_robot;    //gl_robot 程序包的定义
```

包的引用分为两种方式。

第一种方式是将包名作为类名的一部分，采用"包名. 类名"的格式访问其他包中的类。例如，要访问 java. util 包中的 Timer 类，则该类可以写成 java. util. Timer。

第二种方式是使用 import 命令将某个包内的类导入，程序代码不用写被引用的包名。例如，在代码的开始部分加上"import java. util. ＊;"，则在程序的其他地方可以直接访问 Timer 类。以下是 import 语句的示例代码，其中通配符"＊"代表包中的所有类：

```
import java.net. * ;             //引用 java.net 包的全部类
import android.widget.Button;    //引用 Android 系统的 Button 控件
```

JDK 中包括多种实用的包，见表 3-5。java. lang 包是编译器自动加载的，因此使用该包中的类时，可以省略"import java. lang. ＊"语句。

#### 表 3-5　Java 的常用包及其功能

| 包　名　称 | 功　　能 |
| --- | --- |
| java. lang | 包含 Java 语言最基础的类，如数据类型包装类、String、Math、System 等 |
| java. util | 包含一些实用的工具类，如系统特性、与日期及时间相关的类 |
| java. text | 包含各种文本、日期格式的类 |
| java. net | 包含执行与网络相关操作的类 |

## 3.3.7 数学运算

java. lang 包中提供了一个 Math 类，Math 类包含用于执行数学运算的方法，如初等指数、对数、平方根和三角函数等。Math 类中静态常量和常用的方法分别见表 3-6 和表 3-7。

表 3-6 Math 类的静态常量

| 常 量 名 称 | 含 义 | 数 值 |
|---|---|---|
| E | 自然对数的底数（e） | 2. 718 281 828 459 045 235 4 |
| PI | 圆的周长与直径比（π） | 3. 141 592 653 589 793 238 46 |

19

表 3-7 Math 类的常用方法

| 方法名称 | 功 能 | 示 例 |
|---|---|---|
| abs | 计算绝对值 | a = Math. abs( b ); |
| acos | 计算反余弦（返回的角度范围在 0.0~π 之间） | a = Math. acos( b ); |
| asin | 计算反正弦（返回的角度范围在 -π/2~π/2 之间） | a = Math. asin( b ); |
| atan | 计算反正切（返回的角度范围在 -π/2~π/2 之间） | a = Math. atan( b ); |
| atan2 | 计算极坐标的角度值（θ） | a = Math. atan2( y , x ); |
| cbrt | 计算立方根 | a = Math. cbrt( b ); |
| cos | 计算角的余弦值 | a = Math. cos( b ); |
| exp | 计算自然对数底数 e 的指数 | a = Math. exp( b ); |
| log | 计算自然对数 | a = Math. log( b ); |
| log10 | 计算底数为 10 的对数 | a = Math. log10( b ); |
| max | 取最大值 | a = Math. max( b , c ); |
| min | 取最小值 | a = Math. min( b , c ); |
| pow | 计算幂指数 | a = Math. pow( b , c ); |
| random | 返回一个 ≥0.0 且 <1.0 的随机数 | a = Math. random( ); |
| round | 计算四舍五入的整数值 | a = Math. round( b ); |
| sin | 计算角的正弦值 | a = Math. sin( b ); |
| sqrt | 计算平方根 | a = Math. sqrt( b ); |
| tan | 计算角的正切值 | a = Math. tan( b ); |
| toDegrees | 将用弧度表示的角转换为近似相等的用度表示的角 | a = Math. toDegrees( b ); |
| toRadians | 将用度表示的角转换为近似相等的用弧度表示的角 | a = Math. toRadians( b ); |

# 第 4 章

# 应用程序开发环境介绍

Android 操作系统是 Google 公司发布的基于 Linux 开源内核和面向手持移动设备应用的操作系统平台。本章介绍 Android 操作系统的框架、开发环境配置、程序结构，以及与工业机器人仿真程序开发相关的技术要点。

## 4.1 Android 开发概述

### 4.1.1 Android 系统框架

Android 系统框架如图 4-1 所示。Android 系统采用了软件分层和模块化结构，由以下部分组成。

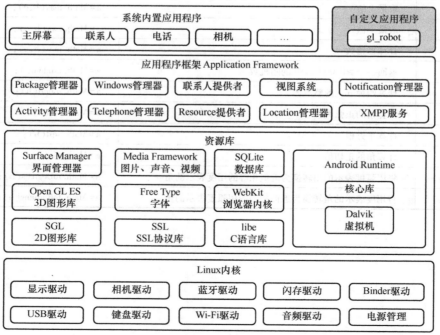

图 4-1　Android 系统框架

1）Linux 内核：Android 基于 Linux 2.6 提供的核心系统服务。

2）资源库：采用 C/C++语言编写的底层核心库。应用程序不能直接访问资源库，只能通过应用程序框架访问。

3）Android Runtime：Google 公司提供的 Java 虚拟机——Dalvik 虚拟机。

4）应用程序框架：由 Google 公司提供的开放性的开发平台和接口。

5）系统内置应用程序：Android 系统内置的常用应用程序，包括电话、相机等。

6）自定义应用程序：开发者使用 Java 语言编写的自定义应用程序。书中工业机器人运动仿真软件 gl_robot 就是一个自定义的 Android 应用程序。

## 4.1.2 Android 应用程序开发环境的搭建

Android 应用程序是使用 Eclipse 集成开发环境和 Java 语言开发的。它的集成开发环境包括以下组件。

1）Eclipse：Eclipse 是一个可扩展的开发平台。

2）ADT：ADT（Android Development Tools）是 Google 公司提供的 Eclipse 插件，安装 ADT 后的 Eclipse 就成为 Android 应用程序的集成开发工具。

3）Android SDK：它是 Google 公司提供的 Android 应用程序的开发工具集，包括平台系统、模拟器系统、调试工具、类库和参考文档等。

可以从互联网上免费下载到上述 3 个组件，并且手动搭建 Android 应用程序开发环境，具体的步骤在许多相关书籍中都有介绍。这种方式存在诸多缺点，尤其是各组件的版本冲突常常会导致安装失败。Google 公司提供了一个已经搭建好的集成开发环境，下载网址为 http：//developer.android.com/sdk/index.html。如图 4-2 所示，单击"Download the SDK"按钮，接受许可协议并选择系统类型后，即可开始下载。

图 4-2　下载集成开发环境的网页

下载完成后是一个 *.zip 压缩文件，解压缩后运行 eclipse/eclipse.exe 即可启动这个开发环境。建立完整的开发环境还需要以下两个步骤。

1) 启动 Android SDK 管理器。选择菜单 Window→Android SDK Manager 命令，或者单击工具栏中的 按钮，启动 Android SDK 管理器，如图 4-3 所示。当前 Android 系统存在多个版本，使用 Android SDK 管理器可以选择性地安装或更新各个版本的开发组件。

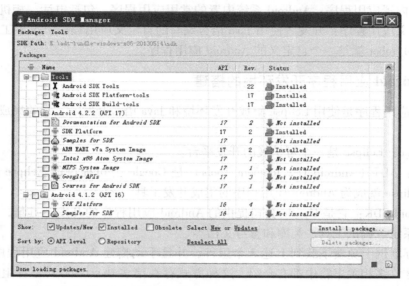

图 4-3　Android SDK 管理器

2) 配置 Android 虚拟设备（Android Virtual Device，AVD）。AVD 是在开发环境中模拟实际设备的软件工具，为开发者提供方便的配置和测试手段。不同的 AVD 可以模拟不同Android 系统版本、屏幕尺寸、内存空间等特征的硬件设备。选择菜单 Window→Android Virtual Device Manager 命令，或者单击工具栏中的 按钮，启动 Android 虚拟设备管理器，如图 4-4所示。使用该管理器可以新建、修改和删除 AVD。

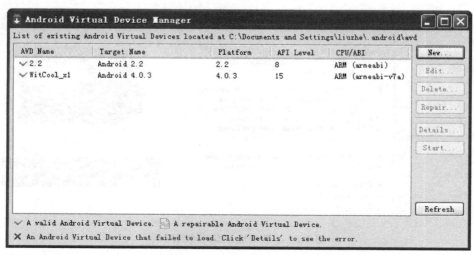

图 4-4　Android 虚拟设备管理器

### 4.1.3 Android 工程的结构和运行

Android 开发环境运行界面如图 4-5 所示。当前加载的 Android 工程（Project）即是本书的机器人运动仿真程序，名称为 gl_robot。如图 4-5 所示，Android 工程由以下 8 个主要部分组成。

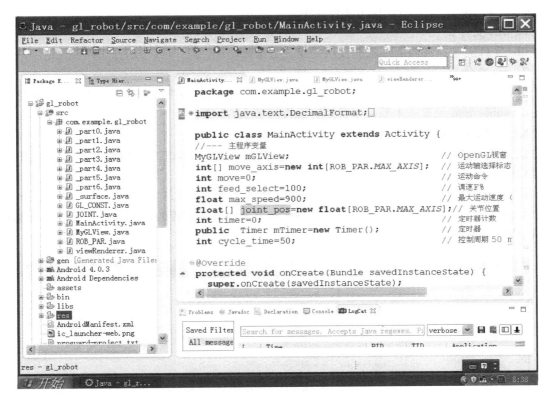

图 4-5　Android 开发环境运行界面

**1. src 文件夹**

src 文件夹存放源文件，开发者编辑的代码主要都集中在这里。这个目录支持 Java 包的组织方式。

**2. gen 文件夹**

gen 文件夹中的文件由开发环境根据 Android 工程的一些配置和资源自动生成，不需要开发者自己来维护。gen 文件夹中包含一个 R.java 文件，它是非常重要的自动生成代码文件，主要功能是定义资源的标识符。通过查看 R.java 文件可以看到它是由 attr、drawable、layout、string 等若干静态内部类组成的。每个静态内部类分别对应着一种资源，如 layout 类对应 layout 中的界面文件。每个静态内部类中的静态常量分别定义一条资源的标识符。

**3. 类库**

gen 文件夹下面有 3 个类库，它们的含义分别为 Android 4.0.3、Android Private Libraries 和 Android Dependencies，它们分别表示对不同类库的引用。Android 4.0.3 表示当前工程引用的 Android 系统类库的版本为 4.0.3，工程使用这个版本的 Android SDK 以提供核心 API。

#### 4. assets 文件夹

assets 文件夹可以让用户管理任意类型的文件，但是由于 Android 已经提供了比较完善的应用数据和资源管理的方式，因此这个功能并不常用。

#### 5. bin 文件夹

bin 文件夹中存放 Android 工程编译后产生的文件，编译 Android 工程生成的应用程序安装文件（*.apk 文件）也在这个文件夹中。

#### 6. libs 文件夹

libs 文件夹中存放当前工程要使用的第三方类库。

#### 7. res 文件夹

在这个文件夹中可以定义和保存各种资源文件，如 layout 界面布局、value\strings 字符串、drawable 界面元素、主题甚至是声音和视频等内容。

#### 8. AndroidManifest. xml

这是 Android 应用工程的配置文件，它定义了当前 Android 工程的名称、版本、图标、应用权限、视图和行为等各种配置信息。

代码编写完成后，需要设定工程的运行参数。选择菜单 Run→Run Configurations 命令，弹出如图 4-6 所示的对话框。用户可在 Target 选项卡内设定工程的运行环境，可以选择虚拟设备 AVD 或真实的 Android 设备。

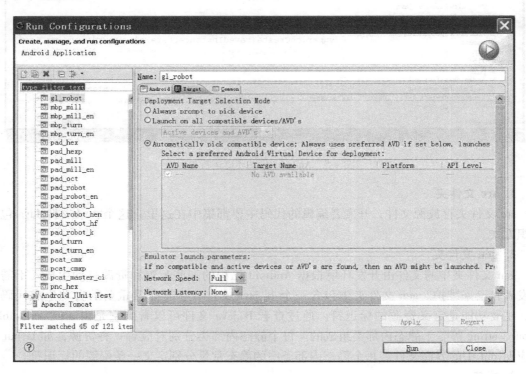

图 4-6　Android 工程运行参数配置

选择菜单 Run→Run 命令可以直接运行所建立的工程（快捷键为〈Ctrl+F11〉）。如果工程的运行环境被设定为虚拟设备，则会启动一个相应的 AVD，并自动加载该工程后运行。

如果工程的运行环境被设定为真实设备，与编程计算机相连的 Android 设备会自动加载该工程后运行。工程运行后，bin 文件夹内会自动生成一个 ∗.apk 文件，它是该工程的安装包。选择菜单 Run→Debug 命令还可以对工程进行调试（快捷键为〈F11〉）。

## 4.2 基于 Android 开发工业机器人仿真软件

### 4.2.1 Activity 和视图布局

操作和显示界面是工业机器人仿真系统的基本要求。Activity 是 Android 提供给用户显示信息和进行交互操作的界面，例如，单击一个按钮、显示一段文字、显示一幅图片等。ADT 和 Eclipse 提供了一个图形化界面设计工具来完成界面视图布局设计，自动生成一个描述视图布局的 .xml 文件，名称为 activity_main.xml，保存在 res/layout 文件夹。Activity 通过一个 .xml 文件定义界面的视图布局，下面以一个示例程序说明 Android 程序界面布局设计和编程方法。

**1. 构建界面视图**

新建一个名称为 HelloWorld 的工程，使用图形化设计工具为界面加入一个文本显示控件（TextView）和按钮控件（Button），在文本显示控件中显示文字"Hello world!"，如图 4-7 所示。

图形化设计工具自动生成一个定义视图布局的 .xml 文件，名称为 activity_main.xml，其程序代码如下：

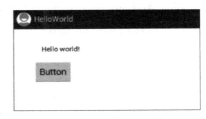

图 4-7　Android 程序的视图布局示例

```
<RelativeLayout
    xmlns:android="http://schemas.android.com/apk/res/android"
    xmlns:tools="http://schemas.android.com/tools"
    android:layout_width="match_parent"
    android:layout_height="match_parent">

    <TextView
        android:id="@+id/textView1"
        android:layout_width="wrap_content"
        android:layout_height="wrap_content"
        android:layout_alignParentLeft="true"
        android:layout_alignParentTop="true"
        android:layout_marginLeft="39dp"
        android:layout_marginTop="40dp"
        android:padding="@dimen/padding_medium"
        android:text="@string/hello_world"
        tools:context=".MainActivity"/>

    <Button
```

```
        android:id="@ +id/button1"
        android:layout_width="wrap_content"
        android:layout_height="wrap_content"
        android:layout_alignLeft="@ +id/textView1"
        android:layout_below="@ +id/textView1"
        android:text="@ string/button_label"/>
    </RelativeLayout>
```

示例代码的说明如下：

1）＜RelativeLayout＞表示采用相对位置布局方式。

2）＜TextView＞和＜Button＞元素分别定义了文本显示控件和按钮控件的属性，例如，an-droid：id 是控件的标识符，android：text 是控件的显示文本，android：layout_width 和 android：layout_height 是控件的宽度和高度等。

同时 Android 开发环境还自动生成一个名为 MainActivity 的类，通过添加代码，可以执行对控件操作的响应和显示功能：

```
public class  MainActivity extends Activity {
  @ Override
  public void onCreate(Bundle savedInstanceState){
    super. onCreate(savedInstanceState);
    setContentView(R. layout. activity_main);

  @ Override
  public boolean onCreateOptionsMenu(Menu menu){
    getMenuInflater(). inflate(R. menu. activity_main,menu);
    return true;
  }
}
```

示例程序的说明如下。

1）MainActivity 继承 Activity 基类：

```
public class MainActivity extends Activity
```

2）通过 Activity. setContentView（）方法为 Activity 指定了视图布局，方法的参数是布局 . xml 文件在 R. java 文件中被定义的标识符：

```
setContentView(R. layout. activity_main);
```

**2. 添加操作响应**

在自动生成的 MainActivity 类中添加代码，产生对界面控件操作的响应，例如，单击 Button 控件后，刷新文本显示控件 TextView 的显示内容，显示"北京航空航天大学. 数控和伺服技术实验室"。添加操作响应功能后 MainActivity 的示例程序如下：

```java
public class MainActivity extends Activity {
  @Override
  public void onCreate(Bundle savedInstanceState){
    super.onCreate(savedInstanceState);

    //指定视图布局.xml 文件
    setContentView(R.layout.activity_main);

    //设定按钮的监听类
    Button testButton=(Button)findViewById(R.id.button1);
    testButton.setOnClickListener(testButtonListener);
  }

  @Override
  public boolean onCreateOptionsMenu(Menu menu){
    getMenuInflater().inflate(R.menu.activity_main,menu);
    return true;
  }

  //定义按钮的监听类
  Button.OnClickListener testButtonListener
      =new Button.OnClickListener(){
    //单击按钮的响应方法
    @Override
    public void onClick(View v){
      TextView textView1
        =(TextView)findViewById(R.id.textView1);
      textView1.setText("北京航空航天大学.数控和伺服技术实验室");
    }
  };
}
```

示例程序的说明如下。

1）实例化并重构一个按钮监听类（Button.OnClickListener）testButtonListener，它实现的功能是单击该按钮后，textView1 文本显示控件的文字由"Hello world!"变为"北京航空航天大学.数控和伺服技术实验室"，其代码如下：

```java
Button.OnClickListener testButtonListener
    =new Button.OnClickListener(){
  //按钮的单击响应方法
  @Override
```

```
public void onClick(View v){
  TextView textView1
    =(TextView)findViewById(R.id.textView1);
  textView1.setText("北京航空航天大学.数控和伺服技术实验室");
  }
};
```

2）将定义好的按钮监听类指定给 button1 按钮控件，其代码如下：

```
Button testButton=(Button)findViewById(R.id.button1);
testButton.setOnClickListener(testButtonListener);
```

## 4.2.2　定时器

机器人运动仿真程序需要调用周期性定时任务，根据给定的关节运动速度实时计算刷新关节的位置，产生机器人的运动。Android 操作系统能够为应用程序提供定时器功能和定时器线程处理功能。定时器功能由以下 3 个类完成。

1）Timer：定时器。

2）TimerTask：定时器任务线程。

3）Handler：定时器消息处理队列。

Android 操作系统实现定时器功能的相关操作和示例程序代码如下。

**1. 创建定时器及定时器任务线程**

其程序代码如下：

```
private Timer timer=new Timer();
private TimerTask task;
Handler handler=new Handler(){
  @Override
  public void handleMessage(Message msg){
    super.handleMessage(msg);
    switch(msg.what){
      case 1:
        //在此处添加"定时处理任务操作(程序)"
...
        break;
      }
    }
}
```

当获得消息 msg.what＝1 时，执行"定时处理任务操作（程序）"。

**2. 定时器任务线程入口**

其程序代码如下：

```
task=new TimerTask(){
  @Override
  public void run(){
    Message message=new Message();
    message.what=1;//在 handler 中定义了 what=1 时的定时处理任务
    handler.sendMessage(message);
  }
}
```

当设定的定时时间间隔（周期）到达时，向消息处理队列发送消息 message. what = 1。

### 3. 启动定时器
其程序代码如下：

```
timer.schedule(task,2000,1000);//2s 后启动定时周期,周期为 1s
```

调用 java. util. Timer. schedule（TimerTask task，long delay，long period）方法，参数 delay 是执行定时任务前的延迟时间，period 是定时任务的周期时间间隔，单位为 ms。

# 第 5 章

# 图形编程介绍

开放式图形库 OpenGL（Open Graphics Library）是用于渲染 2D、3D 矢量图形的跨语言、跨平台的应用程序编程接口。本书介绍的工业机器人仿真程序的图形显示功能就是通过 OpenGL 实现的。本章以绘制 GL ROBOT 基座部件为例，介绍使用 OpenGL 绘制和显示三维图形的编程方法。编程示例中使用了作者提供的矩形表面数据创建方法，即_surface 类中的 rect_vertex( ) 方法。

## 5.1　安装 Android 应用程序开发工具 Eclipse

安装 Android 应用程序开发工具 Eclipse，然后创建一个工业机器人仿真工程，在此工程下开始 OpenGL 编程，步骤如下：

1）安装 Android 应用程序开发工具 Eclipse。

2）启动 Eclipse。

3）创建一个 Android 应用程序，例如，命名为 gl_robot，版本为 4.03。

## 5.2　定义物体表面

GL ROBOT 由长方体和圆柱体组成。通过 OpenGL 可用三角形图元构建长方体和圆柱体表面，进而显示物体的三维图形。如图 5-1 所示，p0、p1、p2 为三角形的 3 个顶点坐标，p0 的坐标为（p0u，p0v，p0w）。n0、n1、n2 为顶点 p0、p1、p2 处的法向量，n0 在坐标系的分量为 n0u、n0v、n0w。

将三角形的顶点和法向量按顺序存储在顶点坐标和法向量数组中，OpenGL 就能对其进行处理，显示三维效果。三角形的顶点和法向量在数组中存储的程序示例见表 5-1。

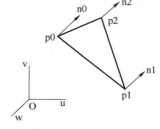

图 5-1　三角形的顶点和法向量

表 5-1 三角形的顶点和法向量在数组中存储的程序示例

| 命名一个数组变量 vertex[ ]来存储三角形的顶点坐标，顶点坐标存储格式和顺序如下： | 命名一个数组变量 normal[ ]来存储对应三角形顶点的法向量，三角形顶点法向量储存格式和顺序如下： |
|---|---|
| vertex[ 0 ] = p0u;<br>vertex[ 1 ] = p0v;<br>vertex[ 2 ] = p0w;<br>vertex[ 3 ] = p1u;<br>vertex[ 4 ] = p1v;<br>vertex[ 5 ] = p1w;<br>vertex[ 6 ] = p2u;<br>vertex[ 7 ] = p2v;<br>vertex[ 8 ] = p2w; | normal[ 0 ] = n0u;<br>normal[ 1 ] = n0v;<br>normal[ 2 ] = n0w;<br>normal[ 3 ] = n1u;<br>normal[ 4 ] = n1v;<br>normal[ 5 ] = n1w;<br>normal[ 6 ] = n2u;<br>normal[ 7 ] = n2v;<br>normal[ 8 ] = n2w; |

# 5.3 创建 GL ROBOT 基座 part0 的数据结构

GL ROBOT 基座 part0 可以用长方体表示，如图 5-2 所示。

基座由 5 个矩形表面组成，分别是顶面、前面、背面、左面、右面。用两个 OpenGL 三角形图元可以表示一个矩形表面，如图 5-3 所示。第一个三角形的顶点顺序为 p0→p1→p2，第二个三角形的顶点顺序为 p2→p1→p3。三角形的顶点和法向量在数组中保存的程序示例见表 5-2。

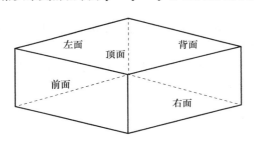

图 5-2 GL ROBOT 的基座

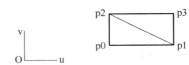

图 5-3 矩形的顶点

表 5-2 两个三角形的顶点和法向量在数组中保存的程序示例

| 将两个三角形的顶点位置坐标按照顺序 p0→p1→p2 和 p2→p1→p3 保存在顶点数组变量 vertex[ ]中 | 将两个三角形的顶点的法向量按照顺序 n0→n1→n2 和 n2→n1→n3 保存在顶点法向量数组变量 normal[ ]中 |
|---|---|
| vertex[ 0 ] = p0u;<br>vertex[ 1 ] = p0v;<br>vertex[ 2 ] = p0w;<br>vertex[ 3 ] = p1u;<br>vertex[ 4 ] = p1v;<br>vertex[ 5 ] = p1w;<br>vertex[ 6 ] = p2u;<br>vertex[ 7 ] = p2v;<br>vertex[ 8 ] = p2w;<br>vertex[ 9 ] = p2u;<br>vertex[ 10 ] = p2v;<br>vertex[ 11 ] = p2w;<br>vertex[ 12 ] = p1u;<br>vertex[ 13 ] = p1v;<br>vertex[ 14 ] = p1w;<br>vertex[ 15 ] = p3u;<br>vertex[ 16 ] = p3v;<br>vertex[ 17 ] = p3w; | normal[ 0 ] = n0u;<br>normal[ 1 ] = n0v;<br>normal[ 2 ] = n0w;<br>normal[ 3 ] = n1u;<br>normal[ 4 ] = n1v;<br>normal[ 5 ] = n1w;<br>normal[ 6 ] = n2u;<br>normal[ 7 ] = n2v;<br>normal[ 8 ] = n2w;<br>normal[ 9 ] = n2u;<br>normal[ 10 ] = n2v;<br>normal[ 11 ] = n2w;<br>normal[ 12 ] = n1u;<br>normal[ 13 ] = n1v;<br>normal[ 14 ] = n1w;<br>normal[ 15 ] = n3u;<br>normal[ 16 ] = n3v;<br>normal[ 17 ] = n3w; |

## 5.4 创建 GL ROBOT 基座的顶点和法向量数组

_surface 类是作者编写的，其中的方法用于生成长方体和圆柱体表面的三角形顶点和法向量数组。调用_surface 中的 rect_vertex( )方法，可以生成 GL ROBOT 基座的 5 个表面，其位置和尺寸如图 5-4 所示。

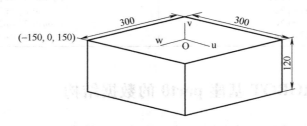

图 5-4　基座的位置和尺寸

生成 GL ROBOT 基座 5 个表面的步骤如下：

1）将随附资源中的_surface. jar 程序复制到 gl_robot 工程中，附录 A 是_surface 类的源程序。

2）将随附资源中的 GL_CONST. jar 复制到 gl_robot 工程中，附录 B. 1 是 GL_CONST 类的源程序，它保存了 gl_robot 工程将用到的固定参数。

3）在 gl_robot 工程中为机器人基座创建一个_part0 类，在此类中使用_surface 类的方法创建基座的顶点和法向量数组，附录 C. 1 是_part0 类的源程序。

示例程序_part0 由以下 8 个部分组成。

**1. 声明数据缓存区、类和变量**

其程序代码如下：

```
public class _part0 {
  private final FloatBuffer vertex_buffer;     //顶点缓存区
  private final FloatBuffer normal_buffer;     //法向量缓存区
  _surface surface=new _surface();             //加载 surface 类
  int    vtx_n;                                //顶点数目
```

**2. 声明顶点数组和法向量数组**

其程序代码如下：

```
//---创建 part0 基座---
  public _part0(){
  float[] vertices=new float[GL_CONST.MAX_VERTEX];
  float[] normals=new float[GL_CONST.MAX_VERTEX];
  float[] p0=new float[GL_CONST.VIEW_AXIS];
  float[] p1=new float[GL_CONST.VIEW_AXIS];
  float[] p2=new float[GL_CONST.VIEW_AXIS];
```

```
float[] p3=new float[GL_CONST.VIEW_AXIS];
float[] normal_p0=new float[GL_CONST.VIEW_AXIS];
```

### 3. 给定基座的尺寸

其程序代码如下：

```
//基座尺寸,如图 5-5 所示
float hu=300f;        //u 方向长度
float hv=120f;        //v 方向长度
float hw=300f;        //w 方向长度
```

图 5-5 所示是 GL ROBOT 基座表面矩形的数据。

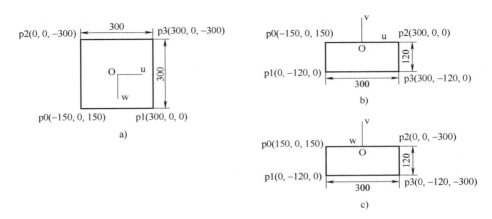

图 5-5　GL ROBOT 基座表面矩形的数据
a）顶面　b）前面　c）右面

### 4. 建立顶面矩形的顶点和法向量数组

在 _part0 类中，调用 surface 类的 rect_vertex(p0,p1,p2,p3,normal) 方法生成矩形的顶点和法向量数组。为了方便计算，在 rect_vertex() 的参数中，p0 的坐标值是它在 u、v、w 坐标系的位置，p1、p2、p3 的坐标值是它们相对 p0 点的位置，如图 5-5a 所示。示例程序如下：

```
//对顶点数组下标的初始化
vtx_n=0;
//顶面位置坐标
p0[0]=-hu/2;       p0[1]=0f;          p0[2]=-hw/2;
p1[0]=hu;          p1[1]=0f;          p1[2]=0f;
p2[0]=0f;          p2[1]=0f;          p2[2]=hw;
p3[0]=hu;          p3[1]=0f;          p3[2]=hw;
//顶点法向量
normal_p0[0]=0;    normal_p0[1]=1;    normal_p0[2]=0;
```

```
//调用 rect_vertex()方法
surface.rect_vertex(p0,p1,p2,p3,normal_p0);
```

rect_vertex()方法中根据矩形顶点参数生成两个三角形（其顶点为 p0、p1、p2 和 p2、p1、p3），如图 5-3 所示。生成的顶点坐标位置和法向量数据保存在 vtx_val [ ] 和 normal_val [ ] 数组变量中。变量 vtx_n 保存了所生成的顶点数目，示例程序如下：

```
public class _surface {
    public float[]   vtx_val=new float[GL_CONST.MAX_VERTEX];      //顶点数组
    public float[]   normal_val=new float[GL_CONST.MAX_VERTEX];   //法向量数组
    public int       vtx_n;                                        //顶点数组下标
    float            k=GL_CONST.MM_TO_GL_UNIT;                      //长度比例系数
    float            pi=(float)Math.PI;                            //3.14

    //---创建矩形顶点数组---
    public void rect_vertex(float[] p0,float[] p1,float[] p2,float[] p3,float[]
normal){
    int i,j;

    i=0;
    //三角形(其顶点为 p0、p1、p2)
    for(j=0;j<3;j++){
        normal_val[i]=normal[j];
        vtx_val[i++]=p0[j]*k;
        }

    for(j=0;j<3;j++){
        normal_val[i]=normal[j];
        vtx_val[i++]=(p0[j]+p1[j])*k;
        }

    for(j=0;j<3;j++){
        normal_val[i]=normal[j];
        vtx_val[i++]=(p0[j]+p2[j])*k;
        }

    //三角形(其顶点为 p2、p1、p3)
    for(j=0;j<3;j++){
        normal_val[i]=normal[j];
        vtx_val[i++]=(p0[j]+p2[j])*k;
        }
```

```
    for(j=0;j<3;j++){
        normal_val[i]=normal[j];
        vtx_val[i++]=(p0[j]+p1[j])*k;
        }

    for(j=0;j<3;j++){
        normal_val[i]=normal[j];
        vtx_val[i++]=(p0[j]+p3[j])*k;
        }

    vtx_n=i;

}//void rect_vertex
```

示例程序中的变量 $k$ 是实际物体尺寸与屏幕显示尺寸的匹配比例系数，可以根据所使用的平板计算机和手机对其进行设置，以获得合适的显示效果。

**5. 将顶面上顶点和法向量数组复制到基座长方体的顶点和法向量数组中**

rect_vertex 方法的返回数据是矩形（两个三角形）的顶点位置 surface. vtx_val[ ] 和法向量 surface. normal_val[ ]，需要将它们复制到基座长方体的顶点坐标数组 vertices[ ] 和法向量数组 normals[ ] 中，vtx_n 是基座长方体数组中写入位置的下标。其示例程序为：

```
for(i=0;i<surface.vtx_n;i++){
    vertices[i+vtx_n]=surface.vtx_val[i];
    normals[i+vtx_n]=surface.normal_val[i];
    }
vtx_n=vtx_n+surface.vtx_n;
```

顶面上顶点坐标和法向量是基座长方体的顶点坐标和法向量数组的组成部分，如图5-6所示。

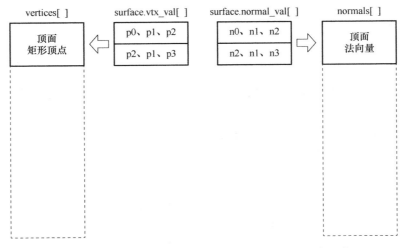

图 5-6　复制顶面数据到基座长方体的顶点坐标和法向量数组

### 6. 建立基座长方体前面和背面矩形的顶点和法向量数组

基座长方体前面的顶点坐标如图 5-5b 所示，示例程序如下：

```
//基座长方体前面
p0[0]=-hu/2;          p0[1]=0f;            p0[2]=hw/2;
p1[0]=0f;            p1[1]=-hv;           p1[2]=0f;
p2[0]=hu;            p2[1]=0f;            p2[2]=0f;
p3[0]=hu;            p3[1]=-hv;           p3[2]=0f;
normal_p0[0]=0; normal_p0[1]=0; normal_p0[2]=1;
surface.rect_vertex(p0,p1,p2,p3,normal_p0);
```

将基座长方体前面的顶点和法向量数组复制到基座长方体的顶点和法向量数组，如图 5-7 所示。

```
for(i=0;i<surface.vtx_n;i++){
    vertices[i+vtx_n]=surface.vtx_val[i];
    normals[i+vtx_n]=surface.normal_val[i];
    }
vtx_n=vtx_n+surface.vtx_n;
```

根据基座长方体前面的顶点坐标位置（图 5-5b），可以获得基座背面的顶点坐标和法向量，生成基座长方体背面矩形顶点和法向量数组，示例程序如下：

```
//基座长方体背面
p0[0]=-hu/2;p0[1]=0f;p0[2]=-hw/2;
normal_p0[0]=0;normal_p0[1]=0;normal_p0[2]=-1;

surface.rect_vertex(p0,p1,p2,p3,normal_p0);
for(i=0;i<surface.vtx_n;i++){
    vertices[i+vtx_n]=surface.vtx_val[i];
    normals[i+vtx_n]=surface.normal_val[i];
    }
vtx_n=vtx_n+surface.vtx_n;
```

将基座长方体背面顶点和法向量数组复制到基座长方体的顶点和法向量数组，如图 5-7 所示。

### 7. 建立右面和左面矩形顶点和法向量数组

基座长方体右面矩形的顶点坐标如图 5-5c 所示，示例程序如下：

```
//右面
p0[0]=hu/2;        p0[1]=0f;            p0[2]=hw/2;
p1[0]=0f;          p1[1]=-hv;           p1[2]=0f;
p2[0]=0;           p2[1]=0f;            p2[2]=-hw;
```

```
p3[0]=0;          p3[1]=-hv;          p3[2]=-hw;
normal_p0[0]=1;  normal_p0[1]=0;    normal_p0[2]=0;

surface.rect_vertex(p0,p1,p2,p3,normal_p0);
for(i=0;i<surface.vtx_n;i++){
    vertices[i+vtx_n]=surface.vtx_val[i];
    normals[i+vtx_n]=surface.normal_val[i];
    }
vtx_n=vtx_n+surface.vtx_n;
```

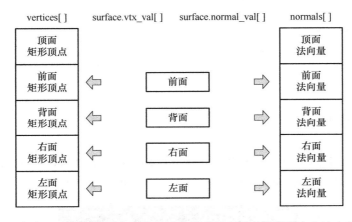

图 5-7　复制矩形各面上顶点和法向量数据到基座长方体的顶点和法向量数组

　　根据基座长方体右面矩形的顶点坐标位置（图 5-5c），可以获得基座长方体左面矩形的顶点坐标和法向量，生成基座长方体左面矩形顶点和法向量数组，示例程序如下：

```
//左面
p0[0]=-hu/2;p0[1]=0f;p0[2]=hw/2;
normal_p0[0]=-1;normal_p0[1]=0;normal_p0[2]=0;

surface.rect_vertex(p0,p1,p2,p3,normal_p0);
for(i=0;i<surface.vtx_n;i++){
    vertices[i+vtx_n]=surface.vtx_val[i];
    normals[i+vtx_n]=surface.normal_val[i];
    }
vtx_n=vtx_n+surface.vtx_n;
```

　　将基座长方体右面和左面矩形的顶点和法向量数组复制到基座长方体的顶点和法向量数组，如图 5-7 所示。

**8. 创建顶点缓冲区和法向量缓冲区**

其程序代码如下：

```
//创建顶点缓冲区
ByteBuffer vbb=ByteBuffer.allocateDirect(vertices.length*4);
vbb.order(ByteOrder.nativeOrder());
vertex_buffer=vbb.asFloatBuffer();
vertex_buffer.put(vertices);
vertex_buffer.position(0);

//创建法向量缓冲区
ByteBuffer nbb=ByteBuffer.allocateDirect(normals.length*4);
nbb.order(ByteOrder.nativeOrder());
normal_buffer=nbb.asFloatBuffer();
normal_buffer.put(normals);
normal_buffer.position(0);
}
```

## 5.5 创建显示界面

在 gl_robot 工程中创建一个显示界面,如图 5-8 所示。使用 Eclipse 的图形化布局设计工具创建一个定义视图布局的 .xml 文件:res→layout→activity_main.xml。

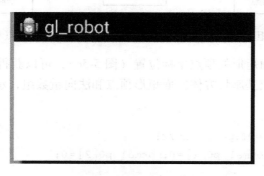

图 5-8 显示界面

附录 D.1 是 activity_main.xml 的源程序 1,采用线性视图布局。这个程序完全是图形化布局设计工具自动创建的,不需要添加任何程序指令,即:

```
<LinearLayout
    xmlns:android="http://schemas.android.com/apk/res/android"
    xmlns:tools="http://schemas.android.com/tools"
    android:id="@+id/act_main"
    android:layout_width="match_parent"
    android:layout_height="match_parent"
    android:orientation="vertical"
```

```
tools:context=".MainActivity">
        <requestFocus/>
</LinearLayout>
```

## 5.6 创建渲染器接口类

在 gl_robot 工程下创建一个渲染器接口 viewRenderer 类，实现_part0 的 3D 显示。

附录 E.1 是渲染器接口 viewRenderer 的源程序 1。创建 viewRenderer 类时自动生成了 3 个渲染方法程序框架。可以在"//TODO Auto-generated method stub"的后面添加程序，完成视图、着色、显示等编程，如示例程序所示：

```
public class viewRenderer implements Renderer {
//------
@Override
public void onDrawFrame(GL10 gl){
    //TODO Auto-generated method stub
    …       //添加程序
    }


//------
@Override
public void onSurfaceChanged(GL10 gl,int width,int height){
    //TODO Auto-generated method stub
    …       //添加程序
      }


//------
@Override
public void onSurfaceCreated(GL10 gl,EGLConfig config){
    //TODO Auto-generated method stub
    …       //添加程序
    }
}
```

### 5.6.1 onSurfaceCreated( )方法

当创建 OpenGL 窗口时，这个方法被调用。这个方法的任务是初始化 OpenGL 的操作。onSurfaceCreated( )方法中的典型初始化操作见表 5-3。

39

表 5-3　onSurfaceCreated( )方法中的典型初始化操作示例

| 方法和参数 | 功　　能 |
|---|---|
| glClearColor( float red，float green，float blue，float alpha) | 指定清除屏幕时的背景颜色，参数为红色、绿色、蓝色和透明度的分量值，取值范围为 0.0~1.0 |
| glDisable( int cap) | 禁用某项功能，如关闭抗抖动功能<br>glDisable( GL10. GL_DITHER) |
| glEnable( int cap) | 启用某项功能 |
| glHint( int target，int mode) | 补充某项功能 |
| glLoadIdentity( ) | 初始化单位矩阵 |
| glMatrixMode( int mode) | 设置矩阵的视图模式 |
| glShadeMode( int mode) | 设置视图的阴影模式 |
| glViewPort( int x，int y，int width，int height) | 设置显示场景的范围 |

附录 E. 2 是示例程序中渲染器接口 viewRenderer 的源程序 2，其中 onSurfaceCreated( )方法的示例程序如下：

```
public void onSurfaceCreated(GL10 gl,EGLConfig config){
    //TODO Auto-generated method stub
    //背景颜色
    gl.glClearColor(0.7f,0.9f,0.9f,1.0f);

    //视图效果
    gl.glEnable(GL10.GL_DEPTH_TEST);

    //光照效果
    float lightAmbient[]=new float[]{0.2f,0.2f,0.2f,1};
    float lightDirect[]=new float[] {0.6f,1f,0f,0.3f};
    gl.glEnable(GL10.GL_LIGHTING);
    gl.glEnable(GL10.GL_LIGHT0);
    gl.glLightfv(GL10.GL_LIGHT0,GL10.GL_AMBIENT,lightAmbient,0);
    gl.glLightfv(GL10.GL_LIGHT0,GL10.GL_POSITION,lightDirect,0);
    gl.glEnable(GL10.GL_COLOR_MATERIAL);
    }
```

在 onSurfaceCreated( )方法的示例程序中，用示例程序设置了背景颜色和光照效果。

**1. 背景颜色**

设置背景颜色的代码如下：

```
gl.glClearColor(0.7f,0.9f,0.9f,1.0f);
```

括号中的参数是红色分量、绿色分量、蓝色分量、透明度。

**2. 视图效果**

设置更新深度缓冲区的操作以获得较好的视觉效果，代码如下：

```
gl.glEnable(GL10.GL_DEPTH_TEST);
```

**3. 光照效果**

设置环境光的代码如下：

```
float lightAmbient[]=new float[]{0.2f,0.2f,0.2f,1};
```

参数是场景中的环境红色分量、绿色分量、蓝色分量、透明度。

设置定向光光照效果的代码如下：

```
float lightDerect[]=new float[] {0.6f,1f,0f,0.3f};
```

参数是定向光方向的矢量数值。

启用光源光照效果的代码如下：

```
gl.glEnable(GL10.GL_LIGHTING);
```

启用 0 号光源光照效果的代码如下：

```
gl.glEnable(GL10.GL_LIGHT0);
```

设置环境光光照效果的代码如下：

```
gl.glLightfv(GL10.GL_LIGHT0,GL10.GL_AMBIENT,lightAmbient,0);
```

设置光照方向光照效果的代码如下：

```
gl.glLightfv(GL10.GL_LIGHT0,GL10.GL_POSITION,lightDerect,0);
```

启用材料颜色光照效果的代码如下：

```
gl.glEnable(GL10.GL_COLOR_MATERIAL);
```

## 5.6.2　onSurfaceChanged( )方法

在 onSurfaceChanged( )方法的调用中，用户可以对视图进行设置和调整。附录 E.2 渲染器接口 viewRenderer 的源程序 2 中 onSurfaceChanged( )方法调用的示例程序如下：

```
public void onSurfaceChanged(GL10 gl,int width,int height){
    //TODO Auto-generated method stub
    gl.glViewport(0,0,width,height);
```

```
float ratio=width/height;
gl.glMatrixMode(GL10.GL_PROJECTION);
gl.glLoadIdentity();
//gl.glOrthof(left,right,bottom,top,zNear,zFar);
gl.glOrthof(-ratio,ratio,-1,1,10,100);
}
```

在 onSurfaceChanged（）方法调用的示例程序中，用示例程序设置了视图范围和投影方式。

### 1. 视图范围

设置视图范围为整个窗体的代码如下：

```
gl.glViewport(0,0,width,height);
```

### 2. 投影方式

设置正交投影的代码如下：

```
float ratio=width/height;
gl.glOrthof(-ratio,ratio,-1,1,10,100);
```

其中调用的正交投影参数是 left、right、bottom、top、near、far，如图 5-9 所示。

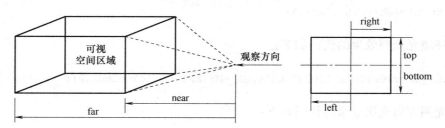

图 5-9　正交投影参数

## 5.6.3　onDrawFrame（）方法

调用 onDrawFrame（）方法用于在视窗中显示 GL ROBOT 基座_part0 的 3D 图像，示例程序如下：

```
public void onDrawFrame(GL10 gl){
    //TODO Auto-generated method stub
    gl.glClear(GL10.GL_COLOR_BUFFER_BIT GL10.GL_DEPTH_BUFFER_BIT);
    gl.glMatrixMode(GL10.GL_MODELVIEW);
    gl.glLoadIdentity();
    //GLU.gluLookAt(gl,eyeX,eyeY,eyeZ,centerX,centerY,centerZ,upX,upY,upZ);
    GLU.gluLookAt(gl,10,8,10,0,0,0,0,1,0f);
```

```
    gl.glColor4f(0.70f,0.70f,0.70f,1.0f);
    part0.draw(gl);
    }
```

用 onDrawFrame( ) 方法可完成以下功能的编程。

**1. 加载_part0 类**

其程序代码如下：

```
private _part0 part0=new _part0();
```

**2. 设置视点**

其程序代码如下：

```
GLU.gluLookAt(gl,10,8,10,0,0,0,0,1,0);
```

其调用的参数是 gl、eyeX、eyeY、eyeZ、centerX、centerY、centerZ、upX、upY、upZ。其中，eyeX、eyeY、eyeZ 是视点（相机）的位置，centerX、centerY、centerZ 是物体的中心位置，upX、upY、upZ 是视点（相机）的上方矢量，如图 5-10 所示。

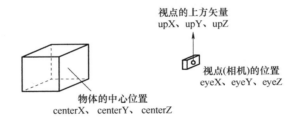

图 5-10　视点设置

**3. 设置颜色**

其程序代码如下：

```
gl.glColor4f(0.70f,0.70f,0.70f,1.0f);
```

其括号中的参数是红色分量、绿色分量、蓝色分量、透明度。

**4. 设置显示**

其程序代码如下：

```
part0.draw(gl);
```

draw( ) 方法的调用可参见附录 C.1 的_part0 类源程序，其示例程序如下：

```
//---绘图---
public void draw(GL10 gl){
  gl.glEnableClientState(GL10.GL_VERTEX_ARRAY);
```

```
gl.glEnableClientState(GL10.GL_NORMAL_ARRAY);
gl.glVertexPointer(3,GL10.GL_FLOAT,0,vertex_buffer);
gl.glNormalPointer(GL10.GL_FLOAT,0,normal_buffer);
gl.glDrawArrays(GL10.GL_TRIANGLES,0,vtx_n);
}//void draw()
```

用 draw( )方法可完成以下操作。

1）启用顶点坐标数组。其程序代码如下：

```
gl.glEnableClientState(GL10.GL_VERTEX_ARRAY);
```

2）启用法向量数组。其程序代码如下：

```
gl.glEnableClientState(GL10.GL_NORMAL_ARRAY);
```

3）设定顶点坐标指针。其程序代码如下：

```
gl.glVertexPointer(3,GL10.GL_FLOAT,0,vertex_buffer);
```

4）设定法向量指针。其程序代码如下：

```
gl.glNormalPointer(GL10.GL_FLOAT,0,normal_buffer);
```

5）绘图。其程序代码如下：

```
gl.glDrawArrays(GL10.GL_TRIANGLES,0,vtx_n);
```

## 5.7 创建视图类

在 gl_robot 工程下创建一个视图类 MyGLView，为渲染器接口提供显示界面。创建时在自动生成的程序框架的"//TODO Auto-generated constructor stub"下添加程序语句，引入渲染器接口。附录 F 是视图类 MyGLView 的源程序，其中相关示例程序如下：

```
public class MyGLView extends GLSurfaceView{
  public MyGLView(Context context){
    super(context);
    //TODO Auto-generated constructor stub
    viewRenderer renderer;
    renderer=new viewRenderer();                        //创建渲染器接口
    this.setRenderer(renderer);                         //设置渲染器接口
    this.setRenderMode(RENDERMODE_CONTINUOUSLY);        //设置连续渲染模式
  }
}
```

创建渲染器接口的代码如下：

```
viewRenderer renderer;
renderer=new viewRenderer();
```

设置渲染器接口（连续渲染模式）的代码如下：

```
this.setRenderer(renderer);
this.setRenderMode(RENDERMODE_CONTINUOUSLY);
```

## 5.8 编写主程序

为 gl_robot 工程的 MainActivity 添加程序，附录 G.1 是 MainActivity 的源程序 1，其中相关示例程序如下：

```
protected void onCreate(Bundle savedInstanceState){
    super.onCreate(savedInstanceState);
    //创建主界面
    setContentView(R.layout.activity_main);
    //创建 OpenGL 视窗
    mGLView=new MyGLView(this);
    //视窗为线性布局
    LinearLayout view_x=
        (LinearLayout)this.findViewById(R.id.act_main);
    //添加 OpenGL 视窗
    view_x.addView(mGLView);
    }
```

以上程序在工程自动创建的 onCreate（ ）方法调用程序中添加了视图类 MyGLView 和 OpenGL 视窗。

### 1. 创建 OpenGL 视窗

其视窗为线性布局，程序代码如下：

```
mGLView=new MyGLView(this);
LinearLayout view_x=
        (LinearLayout)this.findViewById(R.id.act_main);
```

### 2. 添加 OpenGL 视窗

程序代码如下：

```
view_x.addView(mGLView);
```

## 5.9 运行示例程序

完成 5.4~5.8 节的内容后，就可以在平板计算机或手机上运行程序了，步骤如下：

1）在编程所用的 PC 上安装一款 Android 手机管理软件（如"豌豆荚"）。

2）在平板计算机或手机上安装一款 Android 手机管理软件（如"豌豆荚"）。

3）设置平板计算机或手机的"开发者选项"，启用"USB 调试"。

4）将平板计算机或手机通过 USB 接口连接到 PC。

5）用 Eclipse 下载和安装 gl_robot 工程的 apk，在工程界面菜单依次选择 run→run as→ Android Application 将 GL_ROBOT 的安装包安装到平板计算机或手机运行。

如果程序和操作正确，则平板计算机或手机的屏幕会显示 part0 的 3D 图形，如图 5-11 所示。此示例程序不包括屏幕显示比例的自动匹配功能，通过设置附录 B. 1 GL_CONST 类中的变量 MM_TO_GL_UNIT 可以调整其显示比例。

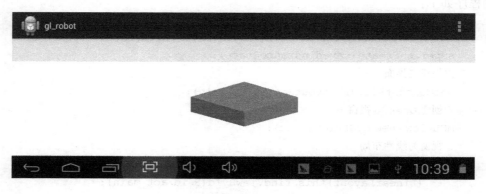

图 5-11　基座部件 part0 的 3D 显示界面

# 第6章

# 工业机器人部件仿真编程

　　如图 6-1 所示，工业机器人仿真样机 GL ROBOT 的部件由长方体和圆柱组成。第 5 章以其基座为例，介绍了工业机器人部件的编程方法。本章在第 5 章的基础上，继续完成部件 part1～part6 的三维建模和部件连接的编程。图 6-2 所示是部件之间的连接尺寸。

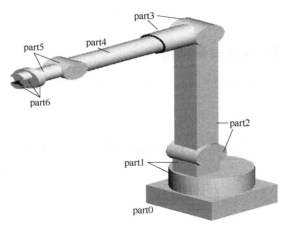

图 6-1　GL ROBOT 部件

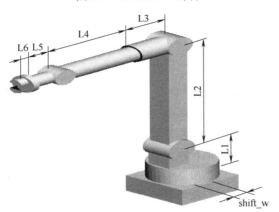

图 6-2　GL ROBOT 部件连接尺寸

## 6.1　部件 part1

### 6.1.1　结构

部件 part1 由转台和立柱组成，如图 6-3 所示，尺寸单位为 mm。转台由伺服电动机驱动，产生转动，转角为图 2-3 中所示的 A0。

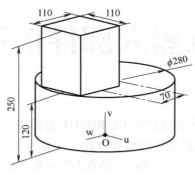

图 6-3　部件 part1

### 6.1.2　构建转台的顶点和法向量数组

转台由圆柱的侧面和顶面（圆）组成，需要分别建立顶点数组。附录 C.2 是 _part1 类的源程序。

**1. 圆柱侧面**

调用附录 A 中 _surface 类的 cylinder_vertex(axis,c0,r,alf_start,alf_end,height,segm_n) 方法，生成圆柱侧面顶点和法向量数组。圆柱的侧面顶点和法向量生成原理如图 6-4 所示。

cylinder_vertex() 方法的各参数介绍如下。

axis：轴线方向（u、v、w）；

c0：圆心位置；

r：半径；

alf_start：起始角度；

alf_end：终止角度；

height：高度；

segm_n：分段数目。

下面的示例程序摘自附录 A 的 _surface 类源程序中 cylinder_vertex() 方法调用部分。它在起始角度 alf_start 和终止角度 alf_end 之间，根据圆柱表面三角形分段数目 segm_n、圆柱高度 height 获得当前计算角度 alf_n 处圆柱面的矩形片段 p0p1p3p2，如图 6-4 所示。然后将它分解成两个三角形，即 △p0p1p2 和 △p2p1p3，计算它们的顶点坐标 vtx_val[i] 和法向量 normal_val[i]。变量 vtx_n 记录了三角形顶点的总数目。示例程序是轴线为 v 方向圆柱侧面的片段，附录 A 给出了 cylinder_vertex() 方法调用的完整程序。

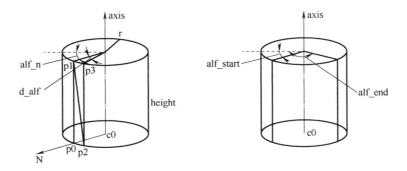

图 6-4　圆柱的侧面顶点和法向量生成原理

```
public int   vtx_n;                       //对顶点计数
float k=GL_CONST.MM_TO_GL_UNIT;           //长度比例系数
float pi=(float)Math.PI;


//---创建圆柱顶点数组---
public void cylinder_vertex(String axis,float[] c0,float r,float alf_start,
float alf_end,float height,int segm_n){
    int i,j,n;
    double s_alf,d_alf,alf_n;


    s_alf=(alf_end-alf_start)/360*2*pi;
    if(segm_n<=0)segm_n=10;
    alf_n=alf_start/360*2*pi;
    d_alf=s_alf/segm_n;


    i=0;
    j=0;

//轴线方向为 v
if(axis=="v"){
  for(n=0;n<segm_n;n++){
      //三角形(其顶点为 p0、p1、p2)
      //p0
    normal_val[i]=(float)Math.sin(alf_n);
    vtx_val[i++]=c0[0]*k+(float)(r*k*Math.sin(alf_n));

    normal_val[i]=0;
    vtx_val[i++]=c0[1]*k;

    normal_val[i]=(float)Math.cos(alf_n);
```

49

```
        vtx_val[i++]=c0[2]*k+(float)(r*k*Math.cos(alf_n));

    //p1
        normal_val[i]=(float)Math.sin(alf_n);
        vtx_val[i++]=c0[0]*k+(float)(r*k*Math.sin(alf_n));

        normal_val[i]=0;
        vtx_val[i++]=c0[1]*k+height*k;

        normal_val[i]=(float)Math.cos(alf_n);
        vtx_val[i++]=c0[2]*k+(float)(r*k*Math.cos(alf_n));

    //p2
        normal_val[i]=(float)Math.sin(alf_n);
        vtx_val[i++]=c0[0]*k+(float)(r*k*Math.sin(alf_n+d_alf));

        normal_val[i]=0;
        vtx_val[i++]=c0[1]*k;

        normal_val[i]=(float)Math.cos(alf_n);
        vtx_val[i++]=c0[2]*k+(float)(r*k*Math.cos(alf_n+d_alf));

    //三角形(其顶点为p2、p1、p3)
    //p2
        normal_val[i]=(float)Math.sin(alf_n);
        vtx_val[i++]=c0[0]*k+(float)(r*k*Math.sin(alf_n+d_alf));

        normal_val[i]=0;           //v
        vtx_val[i++]=c0[1]*k;

        normal_val[i]=(float)Math.cos(alf_n);
        vtx_val[i++]=c0[2]*k+(float)(r*k*Math.cos(alf_n+d_alf));

    //p1
        normal_val[i]=(float)Math.sin(alf_n);
        vtx_val[i++]=c0[0]*k+(float)(r*k*Math.sin(alf_n));

        normal_val[i]=0;           //v
        vtx_val[i++]=c0[1]*k+height*k;

        normal_val[i]=(float)Math.cos(alf_n);
        vtx_val[i++]=c0[2]*k+(float)(r*k*Math.cos(alf_n));
```

50

```
    //p3
    normal_val[i]=(float)Math.sin(alf_n+d_alf);
    vtx_val[i++]=c0[0]*k+(float)(r*k*Math.sin(alf_n+d_alf));

    normal_val[i]=0;            //v
    vtx_val[i++]=c0[1]*k+height*k;

    normal_val[i]=(float)Math.cos(alf_n+d_alf);
    vtx_val[i++]=c0[2]*k+(float)(r*k*Math.cos(alf_n+d_alf));

    alf_n=alf_n+d_alf;
    }//for(n=0;n<segm_n;n++)
}        //if(axis=="v")

//轴线方向为 w
if(axis=="w"){
 ...
 }        //if(axis=="w")

//轴线方向为 u
if(axis=="u"){
 ...
 }        //if(axis=="u")

 vtx_n=i;
 }        //cylinder_vertex
```

附录 C.2 是部件_part1 类的源程序，圆柱侧面参数设置和方法调用过程的程序代码如下。

1) 数据缓存区、类和变量的声明：

```
//---创建 part1 转台和立柱---
public class _part1 {
  private final FloatBuffer vertex_buffer;        //顶点缓冲区
  private final FloatBuffer normal_buffer;        //法向量缓冲区
  _surface surface=new _surface();                //加载 surface 类
  int vtx_n;                                      //顶点数目
...
```

2) 顶点数组和法向量数组的声明：

```
public _part1(){
  float[] vertices=new float[GL_CONST.MAX_VERTEX];   //顶点数组
```

```
float[] normals=new float[GL_CONST.MAX_VERTEX];      //法向量数组
float[] p0=new float[GL_CONST.VIEW_AXIS];            //顶点位置
float[] p1=new float[GL_CONST.VIEW_AXIS];            //顶点位置
float[] p2=new float[GL_CONST.VIEW_AXIS];            //顶点位置
float[] p3=new float[GL_CONST.VIEW_AXIS];            //顶点位置
float[] normal=new float[GL_CONST.VIEW_AXIS];        //法向量
int i;
vtx_n=0;
...
```

3）给定转台尺寸：

```
//---转台---
float cyl_height=120;                        //高度
float cyl_center[]={0,0,0};                  //中心位置
float circle_center[]={0,cyl_height,0};      //顶面中心位置
float radius=140;                            //半径
int segm_n=40;                               //表面三角形分段数目
```

4）生成圆柱侧面顶点和法向量数组：

```
//圆柱侧面
surface.cylinder_vertex("v",cyl_center,radius,0,360,cyl_height,segm_n);
```

5）将圆柱侧面顶点和法向量复制到 part1 部件的顶点和法向量数组：

```
for(i=0;i<surface.vtx_n;i++){
    vertices[i+vtx_n]=surface.vtx_val[i];
    normals[i+vtx_n]=surface.normal_val[i];
    }
vtx_n=vtx_n+surface.vtx_n;
```

**2. 圆柱顶面（圆）**

调用 "surface. circle_vertex( axis,circle_center,radius,0,360,segm_n)；" 方法，生成圆柱顶面上顶点和法向量数组。圆柱顶面上顶点和法向量生成原理如图 6-5 所示。

图 6-5　圆柱顶面上顶点和法向量生成原理

circle_vertex( )方法的参数如下。

axis：轴线方向（u、v 或 w）；

c0：圆心位置；

r：半径；

alf_start：起始角度；

alf_end：终止角度；

segm_n：分段数目。

下面的程序片段摘自附录 A 中 _surface 类的 circle_vertex( ) 方法调用部分。它在起始角 alf_start 和终止角 alf_end 之间，根据圆柱表面三角形分段数目 segm_n 获得当前计算角度 alf_n 处的三角形（其顶点为 p0、p1、p2），如图 6-5 所示。然后计算它们的顶点坐标 vtx_val[i] 和法向量 normal_val[i]。变量 vtx_n 记录了三角形顶点的总数目。示例程序是生成 uv 平面圆（轴线方向为 w）顶点坐标和法向量数组的相关程序，附录 A 给出了 circle_vertex( ) 方法调用的完整程序。

```
//---创建圆形顶点数组---
public void circle_vertex(String axis,float[] c0,float r,float alf_start,float
alf_end,int segm_n){
int i,j,n;
double s_alf,d_alf,alf_n;
s_alf=(alf_end-alf_start)/360*2*pi;
if(segm_n<=0)segm_n=10;
alf_n=alf_start/360*2*pi;
d_alf=s_alf/segm_n;
float[] normal={0,0,0};
i=0;
j=0;

//uOv 平面
if(axis=="w" || axis=="+w" || axis=="-w"){
 if(axis=="-w"){
      normal[0]=0;normal[1]=0;normal[2]=-1;
      }
 else {
      normal[0]=0;normal[1]=0;normal[2]=1;
      }
 for(n=0;n<segm_n;n++){
  //圆心 p0
  normal_val[i]=normal[0];
  vtx_val[i++]=c0[0]*k;

  normal_val[i]=normal[1];
  vtx_val[i++]=c0[1]*k;
```

```
        normal_val[i]=normal[2];
        vtx_val[i++]=c0[2]*k;

        //p1
        normal_val[i]=normal[0];
        vtx_val[i++]=c0[0]*k+(float)(r*k*Math.cos(alf_n));

        normal_val[i]=normal[1];
        vtx_val[i++]=c0[1]*k+(float)(r*k*Math.sin(alf_n));

        normal_val[i]=normal[2];
        vtx_val[i++]=c0[2]*k;

        //p2
        normal_val[i]=normal[0];
        vtx_val[i++]=c0[0]*k+(float)(r*k*Math.cos(alf_n+d_alf));

        normal_val[i]=normal[1];
        vtx_val[i++]=c0[1]*k+(float)(r*k*Math.sin(alf_n+d_alf));

        normal_val[i]=normal[2];
        vtx_val[i++]=c0[2]*k;

        alf_n=alf_n+d_alf;
        }//for(n=0;n<segm_n;n++)
    }//if(axis=="w"||axis=="+w"||axis=="-w")

    //vOw 平面
    if(axis=="u"||axis=="+u"||axis=="-u"){
      ...
    }//(axis=="u"||axis=="+u"||axis=="-u")

    //wOu 平面
    if(axis=="v"||axis=="+v"||axis=="-v"){
      ...
    }//if(axis=="v"||axis=="+v"||axis=="-v")

    vtx_n=i;
    }//  (axis=="v"||axis=="+v"||axis=="-v")
```

附录 C.2 是部件_part1 类的源程序，圆柱顶面的参数和方法调用过程如下：

```
//顶面
normal[0]=0;normal[1]=1;normal[2]=0;
surface.circle_vertex("v",circle_center,radius,0,360,normal,segm_n);
for(i=0;i<surface.vtx_n;i++){
    vertices[i+vtx_n]=surface.vtx_val[i];
    normals[i+vtx_n]=surface.normal_val[i];
    }

vtx_n=vtx_n+surface.vtx_n;
```

在构造圆柱侧面顶点和法向量数据时已经设置了圆柱的整体参数，构造圆柱顶面数据时只需改变其中法向量 normal[ ] 的参数即可。

## 6.1.3　构建立柱的顶点和法向量数组

立柱由前面、背面、右面、左面组成，如图 6-3 所示。附录 C.2 给出了创建立柱长方体表面的示例程序，其中相关内容的程序代码如下。

1）为立柱的边长和偏移量赋值，代码如下：

```
//---立柱---
float height=ROB_PAR.L1;              //高度
float width=110;                      //宽度
float shift_w=ROB_PAR.PART1_shift_w;  //位置偏移
```

程序中的 ROB_PAR 是 gl_robot 工程的全局常数变量，见附录 B.2。需要将它复制到 gl_robot 工程中或自己创建一个 ROB_PAR 类，示例程序代码如下：

```
public class ROB_PAR {
  static float L1=250;                //部件 part1 长度
  static float PART1_shift_w=70;      //部件 part1 偏移
  ...
}
```

2）创建立柱的顶点和法向量数组，由 4 个矩形表面组成（前面、背面、右面、左面），代码如下：

```
//立柱前面
p0[0]=-width/2;p0[1]=cyl_height;  p0[2]=shift_w+width/2;
p1[0]=width;    p1[1]=0;           p1[2]=0;
p2[0]=0;        p2[1]=height;      p2[2]=0;
p3[0]=width;    p3[1]=height;      p3[2]=0;
normal[0]=0;    normal[1]=0;       normal[2]=1;
```

```
surface.rect_vertex(p0,p1,p2,p3,normal);
for(i=0;i<surface.vtx_n;i++){
    vertices[i+vtx_n]=surface.vtx_val[i];
    normals[i+vtx_n]=surface.normal_val[i];
    }
vtx_n=vtx_n+surface.vtx_n;

//立柱背面
p0[2]=shift_w+-width/2;
normal[0]=0;normal[1]=0;normal[2]=-1;
surface.rect_vertex(p0,p1,p2,p3,normal);
for(i=0;i<surface.vtx_n;i++){
    vertices[i+vtx_n]=surface.vtx_val[i];
    normals[i+vtx_n]=surface.normal_val[i];
    }
vtx_n=vtx_n+surface.vtx_n;

//立柱右面
p0[0]=width/2;p0[1]=cyl_height;  p0[2]=shift_w+width/2;
p1[0]=0;      p1[1]=0;           p1[2]=-width;
p2[0]=0;      p2[1]=height;      p2[2]=0;
p3[0]=0;      p3[1]=height;      p3[2]=-width;
normal[0]=1;  normal[1]=0;       normal[2]=0;

surface.rect_vertex(p0,p1,p2,p3,normal);
for(i=0;i<surface.vtx_n;i++){
    vertices[i+vtx_n]=surface.vtx_val[i];
    normals[i+vtx_n]=surface.normal_val[i];
    }
vtx_n=vtx_n+surface.vtx_n;

//立柱左面
p0[0]=-width/2;
normal[0]=-1;  normal[1]=0;      normal[2]=0;

surface.rect_vertex(p0,p1,p2,p3,normal);
for(i=0;i<surface.vtx_n;i++){
    vertices[i+vtx_n]=surface.vtx_val[i];
    normals[i+vtx_n]=surface.normal_val[i];
    }
vtx_n=vtx_n+surface.vtx_n;
```

### 6.1.4 显示

**1. 添加 draw( )方法**

参见附录 C.2 的_part1 类源程序中 draw( )方法调用部分。5.6.3 小节已经对 draw( )方法中的语句进行了详细的介绍,此处不再赘述。

**2. 添加绘图**

在附录 E.2 中渲染器接口 viewRenderer 类的基础上添加声明:

```
private _part1 part1=new _part1();
```

在 onDrawFrame( )方法调用中添加绘图:

```
part1.draw(gl);
```

viewRenderer 类的声明和 onDrawFrame( )方法调用部分的示例程序如下:

```
private _part0 part0=new _part0();
private _part1 part1=new _part1();

//------
@Override
public void onDrawFrame(GL10 gl){
    //TODO Auto-generated method stub
    gl.glClear(GL10.GL_COLOR_BUFFER_BIT  GL10.GL_DEPTH_BUFFER_BIT);
    gl.glMatrixMode(GL10.GL_MODELVIEW);
    gl.glLoadIdentity();
    //GLU.gluLookAt(gl,eyeX,eyeY,eyeZ,centerX,centerY,centerZ,upX,upY,upZ);
    GLU.gluLookAt(gl,10,8,10,0,0,0,0,1,0f);
    gl.glColor4f(0.70f,0.70f,0.70f,1.0f);
    part0.draw(gl);
    part1.draw(gl);
    }
```

附录 E.3 是包含了全部部件 part0~part6 的渲染器接口 viewRenderer 的源程序。

**3. 运行程序**

用 Eclipse 下载和安装 gl_robot 工程的 apk: run as→Android Application。如果程序和操作正确,则平板计算机或手机的屏幕会显示 part0 和 part1 的 3D 图形,如图 6-6 所示。

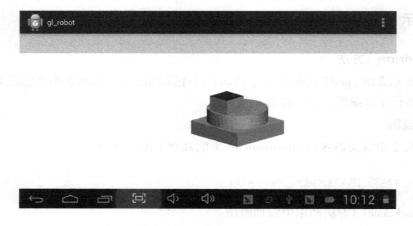

图 6-6　部件 part0 和 part1 的 3D 图形显示

# 6.2　部件 part2

## 6.2.1　结构

部件 part2 由关节和摆杆组成，如图 6-7 所示，单位为 mm。关节由伺服电动机驱动，产生转动，转角为图 2-3 中所示的 A1。

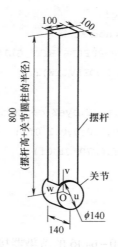

图 6-7　部件 part2

## 6.2.2　构建关节的顶点和法向量数组

关节由圆柱的侧面、顶面和底面（圆）组成，需要分别建立顶点数组。附录 C.3 是_ part2 类的源程序。以下是该源程序中关于圆柱参数、圆柱顶点和法向量数组的示例程序。

**1. 设置圆柱参数**

示例程序的圆柱参数设置的代码如下：

```
//---关节---
float cyl_height=140;                    //高度
float cyl_center[]={cyl_height/2,0,0};   //中心位置
float circle_center[]={0,0,0};           //顶面中心位置
float radius=70;                         //半径
int segm_n=40;                           //表面三角形分段
```

**2. 创建圆柱的顶点和法向量数组**

其程序代码如下：

```
//圆柱侧面
surface.cylinder_vertex("u",cyl_center,radius,0,360,-cyl_height,segm_n);
for(i=0;i<surface.vtx_n;i++){
    vertices[i+vtx_n]=surface.vtx_val[i];
    normals[i+vtx_n]=surface.normal_val[i];
    }
vtx_n=vtx_n+surface.vtx_n;


//圆柱顶面
circle_center[0]=cyl_height/2;
surface.circle_vertex("u",circle_center,radius,0,360,segm_n);
for(i=0;i<surface.vtx_n;i++){
    vertices[i+vtx_n]=surface.vtx_val[i];
    normals[i+vtx_n]=surface.normal_val[i];
    }
vtx_n=vtx_n+surface.vtx_n;


//圆柱底面
circle_center[0]=-cyl_height/2;
surface.circle_vertex("-u",circle_center,radius,0,360,segm_n);
for(i=0;i<surface.vtx_n;i++){
    vertices[i+vtx_n]=surface.vtx_val[i];
    normals[i+vtx_n]=surface.normal_val[i];
    }
vtx_n=vtx_n+surface.vtx_n;
```

## 6.2.3　构建摆杆的顶点和法向量数组

摆杆长方体由前面、背面、左面、右面组成。附录 C.3 给出了创建摆杆长方体表面顶点和法向量数组的示例程序，其内容如下。

### 1. 为摆杆的参数赋值

其程序代码如下：

```
//---摆杆---
float height=ROB_PAR.L2;              //高度
float width=100;                      //宽度
```

### 2. 创建摆杆的顶点和法向量数组

摆杆由 4 个矩形表面（前面、背面、右面、左面）组成，其程序代码如下：

```
//摆杆前面
p0[0]=-width/2;      p0[1]=0;          p0[2]=width/2;
p1[0]=width;         p1[1]=0;          p1[2]=0;
p2[0]=0;             p2[1]=height;     p2[2]=0;
p3[0]=width;         p3[1]=height;     p3[2]=0;
normal[0]=0;         normal[1]=0;      normal[2]=1;

surface.rect_vertex(p0,p1,p2,p3,normal);
for(i=0;i<surface.vtx_n;i++){
    vertices[i+vtx_n]=surface.vtx_val[i];
    normals[i+vtx_n]=surface.normal_val[i];
    }
vtx_n=vtx_n+surface.vtx_n;

//摆杆背面
p0[2]=-width/2;
normal[0]=0;    normal[1]=0;          normal[2]=-1;
surface.rect_vertex(p0,p1,p2,p3,normal);
for(i=0;i<surface.vtx_n;i++){
    vertices[i+vtx_n]=surface.vtx_val[i];
    normals[i+vtx_n]=surface.normal_val[i];
    }
vtx_n=vtx_n+surface.vtx_n;

//摆杆右面
p0[0]=width/2;      p0[1]=0;          p0[2]=width/2;
p1[0]=0;            p1[1]=0;          p1[2]=-width;
p2[0]=0;            p2[1]=height;     p2[2]=0;
p3[0]=0;            p3[1]=height;     p3[2]=-width;
normal[0]=1;        normal[1]=0;      normal[2]=0;

surface.rect_vertex(p0,p1,p2,p3,normal);
```

```
for(i=0;i<surface.vtx_n;i++){
    vertices[i+vtx_n]=surface.vtx_val[i];
    normals[i+vtx_n]=surface.normal_val[i];
    }
vtx_n=vtx_n+surface.vtx_n;

//摆杆左面
p0[0]=-width/2;
normal[0]=-1;    normal[1]=0;          normal[2]=0;

surface.rect_vertex(p0,p1,p2,p3,normal);
for(i=0;i<surface.vtx_n;i++){
    vertices[i+vtx_n]=surface.vtx_val[i];
    normals[i+vtx_n]=surface.normal_val[i];
    }
vtx_n=vtx_n+surface.vtx_n;
```

### 6.2.4    显示

**1. 添加 draw( )方法**

参见附录 C.3 的 _part2 类源程序的 draw( )方法调用部分。本书 5.6.3 小节已经对 draw( )方法中的语句进行了详细的介绍，此处不再赘述。

**2. 添加绘图**

附录 E.3 是 part0~part6 的渲染器接口 viewRenderer 的 onDrawFrame( )方法源程序，与 part2 相关的程序代码如下：

```
//加载 part2
private _part2 part2=new _part2();
...

//平移 part2
gl.glTranslatef(0,ROB_PAR.L1 * GL_CONST.MM_TO_GL_UNIT,
    ROB_PAR.PART1_shift_w * GL_CONST.MM_TO_GL_UNIT);
//part2 绘图
part2.draw(gl);
```

gl.glTranslatef( )是 OpenGL 的坐标平移方法，参数是 u 轴平移、v 轴平移、w 轴平移。它将在坐标系原点绘制的 part2 部件图形平移到 part1 部件的末端，完成机器人部件的装配，如图 6-2 所示。

**3. 运行程序**

平板计算机或手机屏幕显示 part0~part2 的 3D 图形，如图 6-8 所示。

61

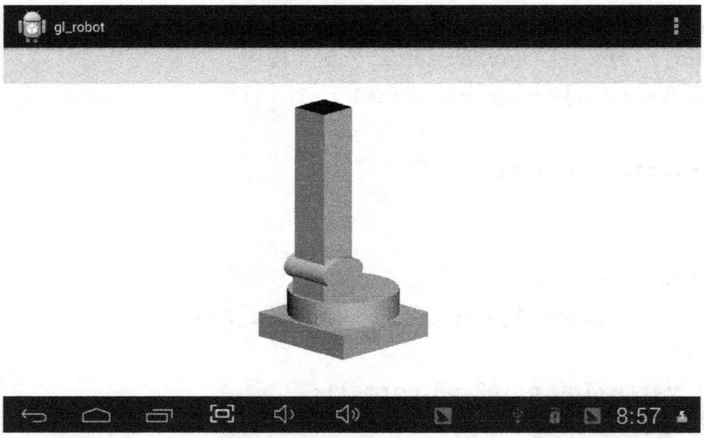

gl_robot

8:57

图 6-8　part0～part2 的 3D 图形显示

## 6.3　部件 part3

### 6.3.1　结构

部件 part3 由关节和摆杆组成，如图 6-9 所示。关节由伺服电动机驱动，产生转动，转角为图 2-3 中所示的 A2。

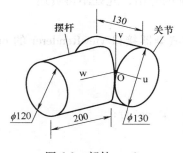

图 6-9　部件 part3

### 6.3.2　构建圆柱的顶点和法向量数组

部件 part3 由两个圆柱组成，需要分别建立顶点和法向量数组。附录 C. 4 是部件_ part3 类的源程序，由以下几个部分的程序组成。

**1. 摆杆圆柱侧面示例程序**

摆杆圆柱侧面参数的设置和方法的调用过程的程序代码如下：

```
//---摆杆---
float height_arm=ROB_PAR.L3;
float radius_arm=60;
```

```
float center[]={0,0,0};
int      segm_n=30;

surface.cylinder_vertex("w",center,radius_arm,0,360,height_arm,segm_n);
for(i=0;i<surface.vtx_n;i++){
    vertices[i+vtx_n]=surface.vtx_val[i];
    normals[i+vtx_n]=surface.normal_val[i];
    }
vtx_n=vtx_n+surface.vtx_n;
```

**2. 关节圆柱侧面示例程序**

关节圆柱侧面参数的设置和方法的调用过程如下：

```
//---关节---
float height_joint=130;
float radius_joint=65;
float center_joint[]={height_joint/2,0,0};
//关节圆柱侧面
surface.cylinder_vertex("u",center_joint,radius_joint,0,360,-height_joint,
segm_n);
for(i=0;i<surface.vtx_n;i++){
    vertices[i+vtx_n]=surface.vtx_val[i];
    normals[i+vtx_n]=surface.normal_val[i];
    }
vtx_n=vtx_n+surface.vtx_n;
```

**3. 关节圆柱顶面和底面示例程序**

关节圆柱顶面和底面参数的设置和方法的调用过程如下：

```
//关节圆柱顶面
surface.circle_vertex("u",center_joint,radius_joint,0,360,segm_n);
for(i=0;i<surface.vtx_n;i++){
    vertices[i+vtx_n]=surface.vtx_val[i];
    normals[i+vtx_n]=surface.normal_val[i];
    }
vtx_n=vtx_n+surface.vtx_n;

//关节圆柱底面
center_joint[0]=-height_joint/2;
surface.circle_vertex("-u",center_joint,radius_joint,0,360,segm_n);
for(i=0;i<surface.vtx_n;i++){
    vertices[i+vtx_n]=surface.vtx_val[i];
```

```
        normals[i+vtx_n]=surface.normal_val[i];
    }
vtx_n=vtx_n+surface.vtx_n;
```

### 6.3.3 显示

**1. 添加 draw( )方法**

参见附录 C.4 的 _part3 类源程序中 draw( )方法的调用部分。本书 5.6.3 小节已经对 draw( )方法中的语句进行了详细的介绍，此处不再赘述。

**2. 添加绘图**

附录 E.3 是 part0～part6 的渲染器接口 viewRenderer 的 onDrawFrame( )方法源程序，与 part3 相关的程序代码如下：

```
//加载 part3
private _part3 part3=new _part3();

//平移 part3
gl.glTranslatef(0,ROB_PAR.L2 * GL_CONST.MM_TO_GL_UNIT,0);

//part3 绘图
part3.draw(gl);
```

gl.glTranslatef( )是 OpenGL 的坐标平移方法，参数是 u 轴平移、v 轴平移、w 轴平移。它将在坐标系原点绘制的 part3 部件图形平移到 part2 部件的末端，完成机器人部件的装配，如图 6-2 所示。

**3. 运行程序**

平板计算机或手机屏幕显示 part0～part3 的 3D 图形，如图 6-10 所示。

图 6-10 part0～part3 的 3D 图形显示

## 6.4 部件 part4

### 6.4.1 结构

部件 part4 为圆柱，安装在部件 part3 上，如图 6-11 所示，单位为 mm。part4 由伺服电动机驱动，绕 part3 的轴线旋转，转角为图 2-3 中所示的 A3。

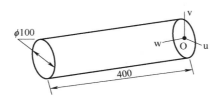

图 6-11 部件 part4

### 6.4.2 构建圆柱侧面顶点和法向量数组

附录 C.5 是_part4 类的源程序，示例程序中圆柱侧面参数的设置和方法的调用过程如下：

```
//---创建 part4 摆杆---
public _part4(){
float[] vertices=new float[GL_CONST.MAX_VERTEX];//顶点数组
float[] normals=new float[GL_CONST.MAX_VERTEX]; //法向量数组

int i;
vtx_n=0;

//---摆杆---
float height_arm=ROB_PAR.L4;                      //长度
float radius_arm=50;                              //半径
float center[]={0,0,0};                           //中心位置
int     segm_n=30;                                //表面三角形分段

surface.cylinder_vertex("w",center,radius_arm,0,360,height_arm,segm_n);
for(i=0;i<surface.vtx_n;i++){
    vertices[i+vtx_n]=surface.vtx_val[i];
    normals[i+vtx_n]=surface.normal_val[i];
    }
vtx_n=vtx_n+surface.vtx_n;
```

### 6.4.3 显示

**1. 添加 draw( )方法**

参见附录 C.5 中_ part4 类的源程序中 draw( )方法调用部分，本书 5.6.3 小节已经对 draw( )方法中的语句进行了详细的介绍，此处不再赘述。

**2. 添加绘图**

附录 E.3 是 part0 ~ part6 的渲染器接口 viewRenderer 的 onDrawFrame 方法源程序，与 part4 相关的程序代码如下：

```
//加载 part4
private _part4 part4=new _part4();

//平移 part4
gl.glTranslatef(0,0,ROB_PAR.L3 * GL_CONST.MM_TO_GL_UNIT);
//part4 绘图
part4.draw(gl);
```

gl. glTranslatef( )方法的参数是 u 轴平移、v 轴平移、w 轴平移，它将在坐标系原点绘制的 part4 部件图形平移到 part3 部件的末端，完成机器人部件的装配，如图 6-2 所示。

**3. 运行程序**

平板计算机或手机屏幕显示 part0 ~ part4 的 3D 图形，如图 6-12 所示。

图 6-12　part0 ~ part4 的 3D 图形显示

## 6.5　部件 part5

### 6.5.1　结构

部件 part5 由关节和摆杆组成，如图 6-13 所示，单位为 mm。关节由伺服电动机驱动，产生转动，转角为图 2-3 中所示的 A4。

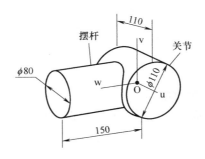

图 6-13　部件 part5

## 6.5.2　构建摆杆和关节的顶点和法向量数组

附录 C.6 是_part5 类的源程序。示例程序中圆柱侧面、顶面和底面的参数设置和方法调用过程如下。

**1. 摆杆圆柱侧面的示例程序**

示例程序中摆杆圆柱侧面的参数设置和方法调用过程如下：

```
//---摆杆---
float height_arm=ROB_PAR.L5;              //长度
float radius_arm=40;                       //半径
float center[]={0,0,0};                    //中心位置
int segm_n=30;                             //表面三角形分段
surface.cylinder_vertex("w",center,radius_arm,0,360,height_arm,segm_n);
for(i=0;i<surface.vtx_n;i++){
      vertices[i+vtx_n]=surface.vtx_val[i];
      normals[i+vtx_n]=surface.normal_val[i];
      }
vtx_n=vtx_n+surface.vtx_n;
```

**2. 关节圆柱侧面的示例程序**

示例程序中关节圆柱侧面的参数设置和方法调用过程如下：

```
//---关节---
float height_joint=110;                      //长度
float radius_joint=55;                       //半径
float center_joint[]={height_joint/2,0,0};   //中心位置

//圆柱侧面
surface.cylinder_vertex("u",center_joint,radius_joint,0,360,-height_joint,
segm_n);
      for(i=0;i<surface.vtx_n;i++){
            vertices[i+vtx_n]=surface.vtx_val[i];
```

```
    normals[i+vtx_n]=surface.normal_val[i];
    }
vtx_n=vtx_n+surface.vtx_n;
```

**3. 关节圆柱顶面和底面的示例程序**

示例程序中圆柱顶面和底面的参数设置和方法调用过程如下：

```
//圆柱顶面
surface.circle_vertex("u",center_joint,radius_joint,0,360,segm_n);
for(i=0;i<surface.vtx_n;i++){
    vertices[i+vtx_n]=surface.vtx_val[i];
    normals[i+vtx_n]=surface.normal_val[i];
    }
vtx_n=vtx_n+surface.vtx_n;

//圆柱底面
center_joint[0]=-height_joint/2;
surface.circle_vertex("-u",center_joint,radius_joint,0,360,segm_n);
for(i=0;i<surface.vtx_n;i++){
    vertices[i+vtx_n]=surface.vtx_val[i];
    normals[i+vtx_n]=surface.normal_val[i];
    }
vtx_n=vtx_n+surface.vtx_n;
```

## 6.5.3 显示

**1. 添加 draw( )方法**

参见附录 C.6 的_part5 类源程序中 draw( )方法调用部分，此处不再赘述。

**2. 添加绘图**

附录 E.3 是 part0~part6 的渲染器接口 viewRenderer 的 onDrawFrame( )方法源程序，与 part5 相关的程序代码如下：

```
//加载 part5
private _part5 part5=new _part5();

//平移 part5
gl.glTranslatef(0,0,ROB_PAR.L4*GL_CONST.MM_TO_GL_UNIT);
//part5 绘图
part5.draw(gl);
```

gl.glTranslatef( )方法的参数是 u 轴平移、v 轴平移、w 轴平移，它将在坐标系原点绘制的 part5 部件图形平移到 part4 部件的末端，完成机器人部件的装配，如图 6-2 所示。

**3. 运行程序**

平板计算机或手机屏幕显示 part0~part5 的 3D 图形，如图 6-14 所示。

图 6-14    part0~part5 的 3D 图形显示

# 6.6    部件 part6

## 6.6.1    结构

部件 part6 是机器人的末端夹持器，由转盘和两个卡爪组成，如图 6-15 所示，单位为 mm。转盘为圆柱体，安装在 part5 上，由伺服电动机驱动，可以相对 part5 进行旋转，转角为图 2-3 中所示的 A5。卡爪为两个半圆柱体。

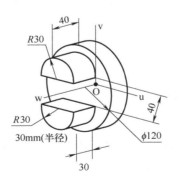

图 6-15    部件 part6

## 6.6.2    构建转盘和卡爪的顶点和法向量数组

附录 C.7 是部件_part6 类的源程序，由以下几个部分的程序组成。

**1. 转盘部分的示例程序**

圆柱侧面、顶面、底面的参数设置和方法调用过程如下：

```
//---转盘---
float height_disc=ROB_PAR.L6;                    //长度
float radius_disc=60;                            //半径
float center[]={0,0,0};                          //中心位置
int      segm_n=30;                              //表面三角形分段

//圆柱侧面
surface.cylinder_vertex("w",center,radius_disc,0,360,height_disc,segm_n);
for(i=0;i<surface.vtx_n;i++){
    vertices[i+vtx_n]=surface.vtx_val[i];
    normals[i+vtx_n]=surface.normal_val[i];
    }
vtx_n=vtx_n+surface.vtx_n;

//圆柱顶面
surface.circle_vertex("-w",center,radius_disc,0,360,segm_n);
for(i=0;i<surface.vtx_n;i++){
    vertices[i+vtx_n]=surface.vtx_val[i];
    normals[i+vtx_n]=surface.normal_val[i];
    }
vtx_n=vtx_n+surface.vtx_n;

//圆柱底面
center[2]=height_disc;
surface.circle_vertex("w",center,radius_disc,0,360,segm_n);
for(i=0;i<surface.vtx_n;i++){
    vertices[i+vtx_n]=surface.vtx_val[i];
    normals[i+vtx_n]=surface.normal_val[i];
    }
vtx_n=vtx_n+surface.vtx_n;
```

**2. 卡爪部分的示例程序**

卡爪由两个半圆柱组成, 半圆柱圆心偏离转盘中心 20mm。半圆柱侧面、顶面、底面的参数设置和方法调用过程如下:

```
//---卡爪---
float height_clamp=40;                           //长度
float radius_clamp=30;                           //半径
float offset=20;                                 //偏心距离

//卡爪1
//卡爪1侧面
```

```
center[1]=offset;
center[2]=height_disc;

surface.cylinder_vertex("w",center,radius_clamp,0,180,height_clamp,segm_n);
for(i=0;i<surface.vtx_n;i++){
    vertices[i+vtx_n]=surface.vtx_val[i];
    normals[i+vtx_n]=surface.normal_val[i];
    }
vtx_n=vtx_n+surface.vtx_n;
```

//卡爪 1 顶面
```
center[2]=height_disc+height_clamp;
surface.circle_vertex("w",center,radius_clamp,0,180,segm_n);
for(i=0;i<surface.vtx_n;i++){
    vertices[i+vtx_n]=surface.vtx_val[i];
    normals[i+vtx_n]=surface.normal_val[i];
    }
vtx_n=vtx_n+surface.vtx_n;
```

//卡爪 2
//卡爪 2 侧面
```
center[1]=-offset;
center[2]=height_disc;
surface.cylinder_vertex("w",center,radius_clamp,180,360,height_clamp,segm_n);
for(i=0;i<surface.vtx_n;i++){
    vertices[i+vtx_n]=surface.vtx_val[i];
    normals[i+vtx_n]=surface.normal_val[i];
    }
vtx_n=vtx_n+surface.vtx_n;
```

//卡爪 2 顶面
```
center[2]=height_disc+height_clamp;
surface.circle_vertex("w",center,radius_clamp,180,360,segm_n);
for(i=0;i<surface.vtx_n;i++){
    vertices[i+vtx_n]=surface.vtx_val[i];
    normals[i+vtx_n]=surface.normal_val[i];
    }
vtx_n=vtx_n+surface.vtx_n;
```

## 6.6.3　显示

### 1. 添加 draw( )方法

参见附录 C. 7 的_part6 类源程序中 draw( )方法调用部分，此处不再赘述。

## 2. 添加绘图

附录 E. 3 是 part0~part6 的渲染器接口 viewRenderer 的 onDrawFrame( )方法源程序，与 part6 相关的程序代码如下：

```
//加载 part6
private _part6 part6=new _part6();

//平移 part6
gl.glTranslatef(0,0,ROB_PAR.L5 * GL_CONST.MM_TO_GL_UNIT);

//part6 绘图
part6.draw(gl);
```

gl.glTranslatef( )方法的参数是 u 轴平移、v 轴平移、w 轴平移，它将在坐标系原点绘制的 part6 部件图形平移到 part5 部件的末端，完成机器人部件的装配，如图 6-2 所示。

## 3. 运行程序

平板计算机或手机屏幕显示 part0~part6 的 3D 图形，如图 6-16 所示。

图 6-16　part0~part6 的 3D 图形显示

7

# 工业机器人仿真程序操作界面编程

第 6 章的示例程序完成了 GL ROBOT 的部件编程和 3D 显示。如图 6-16 中所示工业机器人部件 part0 ~ part6 处于一个固定的初始位置，关节 A0 ~ A5 处于 0° 位置。通过控制关节 A0 ~ A5 的位置（角度）变化，能够实现机器人的运动仿真功能。本章介绍通过控制关节 A0 ~ A5 的运动来实现机器人仿真的编程方法。

## 7.1　操作界面布局

首先需要创建一个操作界面来控制机器人关节的运动，该界面可以完成以下控制功能：
1）选择运动关节 A0 ~ A5，可以选择其中一个或多个。
2）启动关节正方向运动。
3）启动关节负方向运动。
4）停止关节运动。
5）增加运动速度。
6）降低运动速度。
7）显示关节的位置。
8）显示运动速度的设置。
9）显示定时计数器值。

根据以上 9 项要求，在如图 5-8 所示的显示界面基础上，创建一个新的操作界面，该界面上呈现出一种视图布局，如图 7-1 所示。

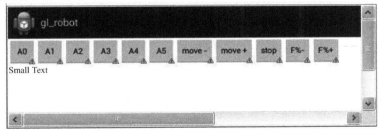

图 7-1　GL ROBOT 操作界面

该操作界面中包括按钮控件：A0~A5，move+，move-，stop，F%+，F%-，显示控件 Small Text。该视图布局的文件名称为 activity_main. xml。附录 D. 2 是 activity_main. xml 源程序 2，采用线性视图布局。这个程序完全是由图形化布局设计工具自动创建的，不需要添加任何程序指令，其示例程序代码如下：

```xml
<LinearLayout xmlns:android="http://schemas.android.com/apk/res/android"
    xmlns:tools="http://schemas.android.com/tools"
    android:id="@+id/act_main"
    android:layout_width="match_parent"
    android:layout_height="match_parent"
    android:orientation="vertical"
    tools:context=".MainActivity">
<requestFocus/>

    <LinearLayout
        android:layout_width="match_parent"
        android:layout_height="wrap_content">

        <Button
            android:id="@+id/button_a0"
            style="? android:attr/buttonStyleSmall"
            android:layout_width="wrap_content"
            android:layout_height="wrap_content"
            android:text="A0"/>

        <Button
            android:id="@+id/button_a1"
            style="? android:attr/buttonStyleSmall"
            android:layout_width="wrap_content"
            android:layout_height="wrap_content"
            android:text="A1"/>

        <Button
            android:id="@+id/button_a2"
            style="? android:attr/buttonStyleSmall"
            android:layout_width="wrap_content"
            android:layout_height="wrap_content"
            android:text="A2"/>

        <Button
            android:id="@+id/button_a3"
            style="? android:attr/buttonStyleSmall"
```

```
        android:layout_width="wrap_content"
        android:layout_height="wrap_content"
        android:text="A3"/>

    <Button
        android:id="@ +id/button_a4"
        style="? android:attr/buttonStyleSmall"
        android:layout_width="wrap_content"
        android:layout_height="wrap_content"
        android:text="A4"/>

    <Button
        android:id="@ +id/button_a5"
        style="? android:attr/buttonStyleSmall"
        android:layout_width="wrap_content"
        android:layout_height="wrap_content"
        android:text="A5"/>

    <Button
        android:id="@ +id/button_move_minus"
        style="? android:attr/buttonStyleSmall"
        android:layout_width="wrap_content"
        android:layout_height="wrap_content"
        android:text="move -"/>

    <Button
        android:id="@ +id/button_move_plus"
        style="? android:attr/buttonStyleSmall"
        android:layout_width="wrap_content"
        android:layout_height="wrap_content"
        android:text="move+"/>

    <Button
        android:id="@ +id/button_move_stop"
        style="? android:attr/buttonStyleSmall"
        android:layout_width="wrap_content"
        android:layout_height="wrap_content"
        android:text="stop"/>

    <Button
        android:id="@ +id/button_f_minus"
        style="? android:attr/buttonStyleSmall"
```

```
            android:layout_width="wrap_content"
            android:layout_height="wrap_content"
            android:text="F%-"/>

        <Button
            android:id="@+id/button_f_plus"
            style="? android:attr/buttonStyleSmall"
            android:layout_width="wrap_content"
            android:layout_height="wrap_content"
            android:text="F%+"/>

    </LinearLayout>

    <TextView
        android:id="@+id/textView1"
        android:layout_width="wrap_content"
        android:layout_height="wrap_content"
        android:text="Small Text"
        android:textAppearance="? android:attr/textAppearanceSmall"/>

</LinearLayout>
```

如图 7-1 中所示操作界面中各个按钮和控件的名称和功能见表 7-1。

表 7-1　操作界面中各个按钮和控件的名称和功能

| 序　　号 | 索引 ID | 文　字 | 功　　能 |
|---|---|---|---|
| 1 | button_a0 | A0 | 选择关节 A0 |
| 2 | button_a1 | A1 | 选择关节 A1 |
| 3 | button_a2 | A2 | 选择关节 A2 |
| 4 | button_a3 | A3 | 选择关节 A3 |
| 5 | button_a4 | A4 | 选择关节 A4 |
| 6 | button_a5 | A5 | 选择关节 A5 |
| 7 | button_move_plus | move+ | 启动关节正方向运动 |
| 8 | button_move_minus | move- | 启动关节负方向运动 |
| 9 | button_move_stop | stop | 停止运动 |
| 10 | button_f_plus | F%+ | 增加运动速度 |
| 11 | button_f_minus | F%- | 降低运动速度 |
| 12 | textView1 | Small Text | 显示关节位置、速度和定时计数器值 |

## 7.2 操作按钮编程

通过操作按钮的编程，完成操作按钮的监控和响应，实现操作按钮的控制功能。例如，单击"A0"按钮时选择关节 A0 运动；单击"move+"按钮时，启动关节 A0 的正方向运动。

### 7.2.1 按钮 A0~A5 编程

附录 G.2 是 GL ROBOT 主程序 MainActivity 的源程序 2，按钮 A0~A5 的编程是其中的组成部分。下面以 A0 按钮为例，介绍按钮的监听和响应的编程方法。

**1. 获取按钮 A0**

其程序代码如下：

```
Button bt_a0 = (Button) findViewById(R.id.button_a0);
```

**2. 添加按钮 A0 的监听**

其程序代码如下：

```
bt_a0.setOnClickListener(bt_a0_click);
```

**3. 按钮 A0 的响应和处理**

其程序代码如下：

```
//按钮 A0.
Button.OnClickListener bt_a0_click=new Button.OnClickListener(){
  @Override
  public void onClick(View v){
      Button bt_a0 = (Button) findViewById(R.id.button_a0);

      if(move_axis[0]==0){
              move_axis[0]=1;                               //选择
              bt_a0.setBackgroundColor(Color.GREEN);        //按钮变绿色
              }
      else{
              move_axis[0]=0;                               //解除选择
              bt_a0.setBackgroundColor(Color.LTGRAY);       //按钮变灰色
              }

      }//onClick(View v)
};
```

以上程序中，数组变量 move_axis[0] 记录按钮 A0 的状态（0/1）。单击按钮后，根据当前 move_axis[0]的数值完成该变量的赋值。反复单击这个按钮，可完成选择或解除选择动作，并改变按钮的背景颜色（绿色或灰色）。

**4. 按钮 A1~A5 的响应和处理**

按钮 A1~A5 的编程方法与按钮 A0 相同，即通过按钮响应 A1~A5 操作数组变量 move_axis[1···5]和按钮 A1~A5 的背景颜色来实现。按钮 A0~A5 的响应和处理见表 7-2。

表 7-2　按钮 A0~A5 的响应和处理

| 序　号 | 按　钮 | 变　量 | 背景颜色 |
|--------|--------|--------|----------|
| 1 | A0 | move_axis[0]=0/1 | 绿/灰 |
| 2 | A1 | move_axis[1]=0/1 | 绿/灰 |
| 3 | A2 | move_axis[2]=0/1 | 绿/灰 |
| 4 | A3 | move_axis[3]=0/1 | 绿/灰 |
| 5 | A4 | move_axis[4]=0/1 | 绿/灰 |
| 6 | A5 | move_axis[5]=0/1 | 绿/灰 |

## 7.2.2　按钮 move 和 stop 编程

附录 G.2 是 GL ROBOT 主程序 MainActivity 的源程序 2，它包括了按钮 move+、move-和 stop 的编程，其示例程序如下。

**1. 获取按钮 move+**

其程序代码如下：

```
Button bt_move_plus=
    (Button)findViewById(R.id.button_move_plus);
```

**2. 添加按钮 move+的监听**

其程序代码如下：

```
bt_move_plus.setOnClickListener(bt_move_plus_click);
```

**3. 按钮 move+的响应和处理**

其程序代码如下：

```
//按钮 move+
Button.OnClickListener bt_move_plus_click=new Button.OnClickListener(){
  @Override
  public void onClick(View v){
    Button bt_move_plus=
      (Button)findViewById(R.id.button_move_plus);
    Button bt_move_minus=
      (Button)findViewById(R.id.button_move_minus);

    move=1;                                           //关节做正方向运动
```

```
    bt_move_plus.setBackgroundColor(Color.GREEN);              //move+按钮变绿色
    bt_move_minus.setBackgroundColor(Color.LTGRAY);            //move-按钮变灰色
  }
}
```

以上程序中变量 move 记录 move+按钮的状态（0/1/-1）。

**4. 获取按钮 move-**

其程序代码如下：

```
Button bt_move_minus=
    (Button)findViewById(R.id.button_move_minus);
```

**5. 添加按钮 move-的监听**

其程序代码如下：

```
bt_move_minus.setOnClickListener(bt_move_minus_click);
```

**6. 按钮 move-的响应和处理**

其程序代码如下：

```
//按钮 move-
Button.OnClickListenerbt_move_minus_click=
                         newButton.OnClickListener(){
@Override
public void onClick(View v){
  Button bt_move_minus=
    (Button)findViewById(R.id.button_move_minus);
  Button bt_move_plus=
    (Button)findViewById(R.id.button_move_plus);

  move=-1;                                                     //关节作负方向运动
  bt_move_minus.setBackgroundColor(Color.GREEN);              //move-按钮变绿色
  bt_move_plus.setBackgroundColor(Color.LTGRAY);             //move+按钮变灰色
  }//onClick(View v)
};//Button.OnClickListener bt_move_minus_click
```

以上程序中变量 move 记录 move-按钮的状态（0、1、-1）。

**7. 获取按钮 stop**

其程序代码如下：

```
Button bt_move_stop=
    (Button)findViewById(R.id.button_move_stop);
```

**8. 添加按钮 stop 的监听**

其程序代码如下：

```
bt_move_stop.setOnClickListener(bt_move_stop_click);
```

**9. 按钮 stop 的响应和处理**

其程序代码如下：

```
//按钮 stop
Button.OnClickListenerbt_move_stop_click=new
                        Button.OnClickListener(){
@Override
public void onClick(View v){
  Button bt_move_minus=
    (Button)findViewById(R.id.button_move_minus);
  Button bt_move_plus=
    (Button)findViewById(R.id.button_move_plus);
  move=0;                                              //解除选择
  bt_move_minus.setBackgroundColor(Color.LTGRAY);      //move+按钮变灰色
  bt_move_plus.setBackgroundColor(Color.LTGRAY);       //move-按钮变灰色
  }//onClick(View v)
};//Button.OnClickListener bt_move_stop_click
```

按钮 stop 的响应和处理是通过给 move 变量赋值 0，并改变按钮"move+"和"move-"背景颜色来实现的。按钮"move+""move-""stop"的响应和处理见表 7-3。

表 7-3　按钮"move+""move-""stop"的响应和处理

| 序　号 | 按　钮 | 变　量 | 按钮的背景颜色 |
|---|---|---|---|
| 1 | move+ | move=1 | move+变为绿色<br>move-变为灰色 |
| 2 | move- | move=-1 | move+变为灰色<br>move-变为绿色 |
| 3 | stop | move=0 | move+变为灰色<br>move-变为灰色 |

## 7.2.3　按钮 F%编程

附录 G.2 是 MainActivity 的源程序 2，它包括了按钮 F%+和 F%-的编程，其示例程序如下。

**1. 获取按钮 F%+**

其程序代码如下：

```
Button bt_f_plus=(Button)findViewById(R.id.button_f_plus);
```

**2. 添加按钮 F%+的监听**

其程序代码如下：

```
bt_f_plus.setOnClickListener(bt_f_plus_click);
```

**3. 按钮 F%+的响应和处理**

其程序代码如下：

```
//按钮 F%+
Button.OnClickListener bt_f_plus_click=
                        new Button.OnClickListener(){
@Override
public void onClick(View v){
  if(feed_select<200)feed_select=feed_select+20;
  }//onClick(View v)
};//Button.OnClickListener bt_f_plus_click
```

以上程序中按钮 F%+用来改变速度变量 feed_ select 的值，该值每次可增加 20%，最大限制值为 200%。

**4. 获取按钮 F%-**

其程序代码如下：

```
Button bt_f_minus=(Button)findViewById(R.id.button_f_minus);
```

**5. 添加按钮 F%-的监听**

其程序代码如下：

```
bt_f_minus.setOnClickListener(bt_f_minus_click);
```

**6. 按钮 F%-的响应和处理**

其程序代码如下：

```
//按钮 F%-
Button.OnClickListenerbt_f_minus_click=new
                            Button.OnClickListener(){
  @Override
  public void onClick(View v){
      if(feed_select>0)feed_select=feed_select-20;
      }//onClick(View v)
};//Button.OnClickListener bt_f_minus_click
```

以上程序中按钮 F%-用来改变速度变量 feed_select 的值，该值每次可减小 20%，最小限制值为 0。

## 7.3 位置、速度和定时器计数显示编程

附录 G.2 中的 view_joint_pos( ) 方法可将关节位置变量 joint_pos[ ]、速度变量 feed_select 以及定时计数器值 timer 转换成字符串，显示在操作界面的 textView1 控件中，其调用过程如下。

### 1. 定义关节位置变量 joint_pos[ ] 的数字显示格式
其程序代码如下：

```
DecimalFormat df = new DecimalFormat();
String style="#000.00";
df.applyPattern(style);
```

设置显示格式为小数点前 3 位数，小数点后两位数。

### 2. 获取显示控件
其程序代码如下：

```
TextView view=(TextView)findViewById(R.id.textView1);
```

### 3. 构建关节位置显示字符串
其程序代码如下：

```
for(i=0;i<ROB_PAR.MAX_AXIS;i++){
        str=str+"  A"+Integer.toString(i)+":";
            str=str+df.format(joint_pos[i]);
            }//for(i=0;i<ROB_PAR.MAX_AXIS;i++)
```

### 4. 构建速度 F% 显示字符串
其程序代码如下：

```
str=str+"  F%:"+Integer.toString(feed_select);
```

### 5. 构建定时计数器显示字符串
其程序代码如下：

```
str=str+"  timer:"+Integer.toString(timer);
```

### 6. 显示
其程序代码如下：

```
view.setText(str);
```

## 7.4　运行操作界面

7.1~7.3 节是操作界面编程部分，本节是在平板计算机或手机上对操作界面程序进行运行和测试，其具体步骤如下。

1）在主程序 MainActivity 的 protected void onCreate（）过程中加入界面显示方法 view_joint_pos（）的调用，其程序代码如下：

```
//测试关节位置和运动速度显示
view_joint_pos();
```

2）将平板计算机或手机通过 USB 接口连接到 PC。

3）用 Eclipse 下载和安装 gl_robot 工程的 apk：run as→AndroidApplication。

4）在平板计算机或手机上运行 gl_robot，运行的操作界面如图 7-2 所示。

5）单击 A0~A5、move+、move-、stop 按钮，检查按钮背景颜色的变化是否正确。

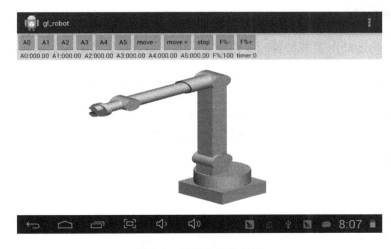

图 7-2　运行的操作界面

# 第 8 章

# 工业机器人运动仿真编程

## 8.1 定时器编程

机器人的机构运动由关节位置的变化驱动，各个关节位置是时间的函数：

```
A0=A0(t);A1=A1(t);A2=A2(t);A3=A3(t);A4=A4(t);A5=A5(t);
```

机器人运动仿真系统需要使用 Android 系统的定时器功能以完成关节位置 A0~A5 的实时控制运算，参见附录 G.2。定时器编程部分的程序如下。

**1. 启动定时器**

其程序代码如下：

```
timerTask(cycle_time);
```

cycle_time 是系统的定时周期，示例程序设置为 50ms。

**2. 定时器任务入口**

定时周期到达时向消息队列处理器发送消息：

```
private void timerTask(int i){
  mTimer. schedule (new TimerTask(){
  @Override
  public void run(){
    Message message=new Message();
    message. what=1;
    handler. sendMessage(message);
    }           //run()
  },i,i);       //mTimer. schedule (new TimerTask()
}//timerTask(int i)
```

### 3. 消息队列处理器

该处理器用来获得定时器任务 timerTask 发出的消息 message.what=1，执行周期处理任务。随着定时计数器变量 timer 每个定时周期的加 1，可通过 view_joint_pos( ) 方法在操作界面的 textView1 控件中显示关节位置、速度和定时计数器值，其程序代码如下：

```
Handler handler=new Handler(){
  public void handleMessage(Message msg){

    switch(msg.what){
    case 1:
    timer++;                    //定时器计数
    view_joint_pos();           //显示
    }//switch(msg.what)
  }//handleMessage(Message msg)
};//Handler handler=new Handler()
```

### 4. 定时器的测试

在平板计算机或手机上运行该示例程序时，可以在 textView1 控件看到 timer 值的变化，以检查定时器线程处理是否正常工作。

## 8.2　运动控制编程

为了实现机器人的运动仿真，需要在定时器任务的消息队列处理程序中添加关节位置计算功能，从而控制关节的位置和运动速度，并将关节位置发送到 OpenGL 渲染器接口，实现机器人的 3D 动画显示。本章需要在第 7 章程序的基础上为 gl_robot 工程和 handleMessage 消息处理器添加程序。

### 8.2.1　添加全局静态变量

在 gl_robot 工程中添加一个静态全局变量 JOINT，通过这个变量将定时器线程计算出的关节位置 A0 ~ A5 发送到 OpenGL 的 3D 绘图程序。以下是 JOINT 类的源程序代码：

```
package com.example.gl_robot;
public class JOINT {
  static float[] A=new float[ROB_PAR.MAX_AXIS];
}
```

数组变量 A[0…5]对应机器人的关节位置 A0 ~ A5，如图 2-3 所示。

### 8.2.2　关节位置计算

在 8.1 节的定时器任务中的 handleMessage 消息处理器基础上添加关节位置的计算功能，以下是附录 G.2 中关节位置的计算相关程序代码：

```
Handler handler=new Handler(){
  public void handleMessage(Message msg){
  int i;

switch(msg.what){
  case 1:
    for(i=0;i<ROB_PAR.MAX_AXIS;i++){
      //关节位置的计算
      joint_pos[i]=joint_pos[i]+max_speed/60*cycle_time/1000
        *move_axis[i]*(float)move*(float)feed_select/100;

      //为 OpenGL 提供关节位置
      JOINT.A[i]=joint_pos[i];
      }
    //定时器计数
    timer++;
    //位置、速度、定时器计数的显示
    view_joint_pos();

    }//switch(msg.what)
  }//handleMessage(Message msg)
};//Handler handler=new Handler()
```

关节位置的计算涉及以下计算和赋值。

**1. 关节位置的计算**

在当前关节位置基础上增加一个关节位置增量:

```
joint_pos[i]=joint_pos[i]+…;
```

**2. 速度单位的换算**

将以度/分钟为单位的给定速度值转换成以度/定时器周期为单位的速度值:

```
max_speed/60*cycle_time/1000
```

**3. 选定关节**

使用关节选择变量:

```
move_axis[i]
```

这个数组变量由操作界面的按钮控件 button_a0~button_a5 对其赋值来进行控制,取值为 0 或 1,表示是否选择该关节运动,参见 7.2.1 的按钮 A0~A5 编程部分。

**4. 启动和停止运动**

其程序变量如下:

```
move
```

move 变量由操作界面的按钮控件 button_move_plus、button_move_minus 和 button_ move_stop 对其赋值来进行控制，取值为 0、1 或−1，表示是否启动关节运动和指示运动方向。

**5. 调速**

其程序代码如下：

```
feed_select/100
```

feed_select 变量由操作界面的按钮控件 button_f_plus 和 button_f_minus 对其赋值来进行控制，通过程序中的计算可完成单位百分比的转换。

### 8.2.3　JOINT 变量赋值

通过给 JOINT 变量赋值将定时器线程计算出的关节位置 joint_pos[i] 发送到 OpenGL 的 3D 绘图程序，代码如下：

```
JOINT.A[i]=joint_pos[i];
```

## 8.3　运动和显示编程

第 5 章和第 6 章实现的机器人部件 part0~part6 的图形构建和静态的 3D 显示，对应于附录 E.2 的渲染器接口 viewRenderer 源程序 2。机器人的 3D 运动仿真由关节位置数组变量 JOINT.A[i] 驱动，在渲染器接口 viewRenderer 中 onDrawFrame() 方法的源程序 2 基础上，添加关节的旋转运动变量 JOINT.A[i]，驱动关节 A0~A5 的运动，以产生 3D 动画显示效果。具体编程如附录 E.4 渲染器接口 viewRenderer 的 onDrawFrame() 方法源程序 4 所示，其中涉及关节 A0~A5 运动相关程序的代码如下：

```
//转台旋转 A0
gl.glRotatef(JOINT.A[0],0f,1f,0f);
//part1 绘图
part1.draw(gl);

//平移 part2
gl.glTranslatef(0,ROB_PAR.L1 * GL_CONST.MM_TO_GL_UNIT,
            ROB_PAR.PART1_shift_w * GL_CONST.MM_TO_GL_UNIT);
//关节旋转 A1
gl.glRotatef(JOINT.A[1],1f,0f,0f);
//part2 绘图
part2.draw(gl);

//平移 part3
gl.glTranslatef(0,ROB_PAR.L2 * GL_CONST.MM_TO_GL_UNIT,0);
//关节旋转 A2
gl.glRotatef(JOINT.A[2],1f,0f,0f);
```

```
//part3 绘图
part3.draw(gl);

//平移 part4
gl.glTranslatef(0,0,ROB_PAR.L3 * GL_CONST.MM_TO_GL_UNIT);
//关节旋转 A3
gl.glRotatef(JOINT.A[3],0f,0f,1f);
//part4 绘图
part4.draw(gl);

//平移 part5
gl.glTranslatef(0,0,ROB_PAR.L4 * GL_CONST.MM_TO_GL_UNIT);
//关节旋转 A4
gl.glRotatef(JOINT.A[4],1f,0f,0f);
//part5 绘图
part5.draw(gl);

//平移 part6
gl.glTranslatef(0,0,ROB_PAR.L5 * GL_CONST.MM_TO_GL_UNIT);
//关节旋转 A5
gl.glRotatef(JOINT.A[5],0f,0f,1f);
//part6 绘图
part6.draw(gl);
```

在程序中使用了 OpenGL 提供的坐标旋转变换方法 gl. glRotatef( angle，u，v，w) 来产生关节的旋转运动和参数显示，它的参数作用如下。

angle：旋转角度；

u：绕 u 轴旋转；

v：绕 v 轴旋转；

w：绕 w 轴旋转。

为了使机器人的显示位置与屏幕位置相适应，在 onDrawFrame( )方法中添加了机器人整体向屏幕下方平移的方法，具体可参见附录 E. 4，其平移相关代码如下：

```
//part0 绘图
gl.glTranslatef(0,-400 * GL_CONST.MM_TO_GL_UNIT,0);
part0.draw(gl);
```

完成以上编程后，可以在平板计算机或手机上运行新的 gl_robot 应用程序。按照第 2 章的操作说明，可以操作机器人以执行各个关节的运动和 3D 显示。以上示例程序提供了通过手动操作按钮以实现关节运动的机器人运动仿真。读者可以在此基础上，继续完成机器人控制的程序译码、插补、空间坐标系——关节坐标系变换等编程。

本书相关示例程序的完整内容详见附录。

# 第 9 章

# 圆柱坐标系坐标变换编程

第 5 章~第 8 章介绍了工业机器人的 3D 造型和关节运动的控制和仿真。关节运动控制也称为关节坐标系控制，是工业机器人的一项最基本控制功能。机器人用于完成实际操作任务时，通常要求实现其末端（工具）在人们所习惯的 3 维直角坐标系的位置和姿态控制，简称为位姿控制。机器人在直角坐标系的位姿由其关节的位置 A0~A5 形成，在直角坐标系定义的机器人的操作和编程位姿由控制系统转换成对应的关节位置，这个控制计算过程被称为坐标变换，它也是工业机器人的一项重要功能和技术。通过坐标变换编程练习，可以更深入理解和掌握工业机器人控制系统的原理和关键技术。

作者在 www.nc-servo.com 网站提供了多个 6 自由度和 7 自由度工业机器人的仿真程序，全部具有直角坐标系控制功能，可以供读者学习。由于直角坐标系坐标变换计算和编程比较复杂，为了便于读者学习坐标变换编程技术，本章介绍圆柱坐标系坐标变换的编程示例。圆柱坐标系控制也是工业机器人的一个基本控制功能，适用于搬运和装配机器人。其坐标变换原理和过程与直角坐标系变换相同，计算比较直观和简单，便于学习和掌握。

## 9.1  圆柱坐标系和坐标变换计算

图 9-1 所示是工业机器人位姿圆柱坐标系定义。机器人的末端位姿由 R、Z、A0 和 B 定义。其中 $R=\sqrt{X^2+Y^2}$，B 是工具与 XY 平面的夹角。R、Z 和 A0 确定了工具末端的位置，B 确定了工具的姿态。

图 9-2 是圆柱坐标系和关节坐标系的变换关系。机器人的在圆柱坐标系的空间位置由 R、Z、A0 和 B 指令给定，坐标变换计算功能模块将 R、Z、A0 和 B 指令转换成对应的关节转角 a0~a4，形成控制机器人的末端位姿。其中，a3 与 a5 分别是绕 L3 和 L5 旋转的角度，在此处不讨论。在机器人运动学中，通过已知工具末端直角坐标系位姿，计算所对应关节坐标系位置的过程称为坐标反变换。通过已知关节坐标系位置，计算所对应直角坐标系位姿的过程称为坐标正变换。

图 9-3 所示为工业机器人与圆柱坐标系变换计算相关的参数，根据图 9-3，可以建立机器人关节转角 a0~a4 与机器人的末端位姿 PT(A0,R,Z,B) 之间的关系，通过三角函数计算，

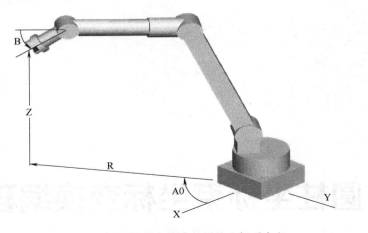

图 9-1 工业机器人位姿的圆柱坐标系定义

图 9-2 圆柱坐标系和关节坐标系的变换关系

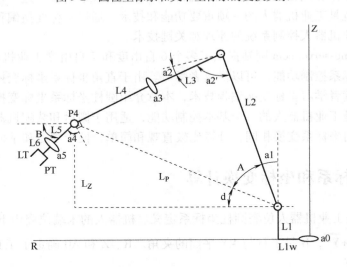

图 9-3 圆柱坐标系坐标变换相关参数

可以从圆柱坐标系位置指令 PT(A0,R,Z,B) 计算出关节 a1~a4 的值。计算过程如下：

（1）计算 P4 点的位置

$$P4_R = PT_R - (L5 + L6 + LT) \times \cos B \qquad (9-1)$$

$$P4_Z = PT_Z + (L5 + L6 + LT) \times \sin B \qquad (9-2)$$

（2）计算 $L_Z$ 和 $L_P$

$$L_Z = P4_Z - L1 \qquad (9-3)$$

$$L_P = \sqrt{(P4_R - L1_W)^2 + L_Z^2} \qquad (9-4)$$

（3）计算关节控制角度 a2

$$a2' = \arccos \frac{L2^2 + (L3+L4)^2 - L_P^2}{2L2(L3+L4)} \tag{9-5}$$

由于机器人处于初始位置 a2 = 0 时 a2′处于 90°位置，关节 a2 的控制位置为：

$$a2 = 90 - a2' \tag{9-6}$$

（4）计算关节角度 a1

$$A = \arccos \frac{L2^2 + L_P^2 - (L3+L4)^2}{2L2L_P} \tag{9-7}$$

$$d = \arcsin \frac{L_Z}{L_P} \tag{9-8}$$

$$a1 = \frac{\pi}{2} - (A+d) \tag{9-9}$$

（5）计算关节角度 a4

$$a4 = B - (a1+a2) \tag{9-10}$$

## 9.2　坐标变换编程示例

为了简化编程，可以在第 6 章~第 8 章已经完成的 GL ROBOT 基础上增加圆柱坐标系控制功能，编程步骤如下：

1）创建一个新的 Android 应用程序，命名为 gl_robot_cl。

2）将之前编写的 gl_robot 程序 src 文件夹和 res/layout 文件夹的所有程序复制到 gl_robot_cl。

3）测试运行。

4）在 MainActivity 中添加圆柱坐标系变换子程序，输入参数为圆柱坐标系位置指令：PT（A0，R，Z，B），输出为机器人关节位置 a0~a4。程序代码如下：

① 根据图 9-3 所示，在机器人参数 ROB_PAR 类中添加一个卡爪长度变量 LT = 40mm：

```
public class ROB_PAR {
  ...
  static float LT=40;              //卡爪长度
}
```

它与_part6 类中的 height_clamp 变量取相同数值：

```
public class _part6 {
  ...
  //卡爪
  float height_clamp=40;           //长度
  ...
}
```

② 在 MainActivity 中添加一个圆柱坐标系到关节坐标系的变换计算子程序 cylinder_to_

joint( )，完成 9.1 节的坐标变换计算，示例程序如下：

```
//圆柱坐标系变换
public float[] cylinder_to_joint(float[] pt_pos){

    float[] joint=new float[ROB_PAR.MAX_AXIS];

    float Lp;
    float L6T=ROB_PAR.L6+ROB_PAR.LT;
    float L5=ROB_PAR.L5;
    float b=pt_pos[4];
    float w=(float)Math.sin(Math.toRadians(b));
    float u=(float)Math.cos(Math.toRadians(b));

    float L1w=ROB_PAR.PART1_shift_w;
    float L34=ROB_PAR.L3+ROB_PAR.L4;
    float L2=ROB_PAR.L2;

    //a0
    joint[0]=pt_pos[0];

    //计算 p4 位置，公式（9-1）和公式（9-2）
    float p4r=pt_pos[1]-(L5+L6T)*u;
    float p4z=pt_pos[2]+(L5+L6T)*w;

    //计算 Lz，公式（9-3）
    float Lz=p4z-ROB_PAR.L1;

    //计算 Lp，公式（9-4）
    Lp=(float)Math.sqrt((p4r-L1w)*(p4r-L1w)+Lz*Lz);

    //计算关节角度 a2，公式（9-5）和公式（9-6）
    float a2p=(float)Math.acos((L2*L2+L34*L34-Lp*Lp)/(2*L2*L34));
    float a2=(float)(Math.PI/2-a2p);
    joint[2]=(float)Math.toDegrees(a2);

    //计算关节角度 a1，公式（9-7）~公式（9-9）
    float A=(float)Math.acos((L2*L2+Lp*Lp-L34*L34)/(2*L2*Lp));
    float d=(float)Math.asin(Lz/Lp);
    float a1=(float)(Math.PI/2-(A+d));
    joint[1]=(float)Math.toDegrees(a1);
```

```
//计算关节角度 a4，公式(9-10)
float a4 = (float)(b-Math.toDegrees(a1+a2));
joint[4] = a4;

//复制关节角度 a3 和 a5
joint[3] = pt_pos[3];
joint[5] = pt_pos[5];

return joint;
}
```

5）修改页面布局 res/layout/ActivityMain.xml，新的页面布局具有圆柱坐标系操作功能，如图9-4所示。

```
<LinearLayout xmlns:android="http://schemas.android.com/apk/res/android"
        ...
        <LinearLayout
            android:layout_width="match_parent"
            android:layout_height="wrap_content">

            <Button
                android:id="@+id/button_a0"
                style="? android:attr/buttonStyleSmall"
                android:layout_width="wrap_content"
                android:layout_height="wrap_content"
                android:text="A0"/>

            <Button
                android:id="@+id/button_a1"
                style="? android:attr/buttonStyleSmall"
                android:layout_width="wrap_content"
                android:layout_height="wrap_content"
                android:text="R"/>

            <Button
                android:id="@+id/button_a2"
                style="? android:attr/buttonStyleSmall"
                android:layout_width="wrap_content"
                android:layout_height="wrap_content"
                android:text="Z"/>

            <Button
```

```
                        android:id="@+id/button_a3"
                        style="? android:attr/buttonStyleSmall"
                        android:layout_width="wrap_content"
                        android:layout_height="wrap_content"
                        android:text="A3"/>

                    <Button
                        android:id="@+id/button_a4"
                        style="? android:attr/buttonStyleSmall"
                        android:layout_width="wrap_content"
                        android:layout_height="wrap_content"
                        android:text="B"/>
                    ...
                </LinearLayout>
            ...
</LinearLayout>
```

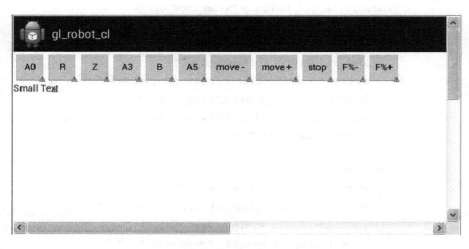

图 9-4　圆柱坐标系运动操作页面布局

6）在 MainActivity 中添加一个圆柱坐标系位置变量 pt_pos：

```
public class MainActivity extends Activity {
    //---主程序变量---
    ...
    float[] pt_pos=new float[ROB_PAR.MAX_AXIS];//圆柱坐标系位置
    ...
}
```

7）修改 MainActivity 的关节位置计算部分，添加圆柱坐标系到关节坐标系坐标变换子程序调用 cylinder_to_joint( )：

```
//---定时器消息队列---
Handler handler=new Handler(){
  public void handleMessage(Message msg){
      int i;
      switch(msg.what){
          case 1:
              for(i=0;i<ROB_PAR.MAX_AXIS;i++){
                  //关节位置计算
                  /*
                  joint_pos[i]=joint_pos[i]+max_speed/60*cycle_time/1000
                    *move_axis[i]*(float)move*(float)feed_select/100;
                  */
                  //圆柱坐标系位置计算
                      pt_pos[i]=pt_pos[i]+max_speed/60*cycle_time/1000
                        *move_axis[i]*(float)move*(float)feed_select/100;
                      //圆柱坐标系到关节坐标系变换计算
                      joint_pos=cylinder_to_joint(pt_pos);
                      //为 OpenGL 提供关节位置
                      JOINT.A[i]=joint_pos[i];
                      }
                  //定时器计数
                  timer++;
                  //位置、速度 F%、定时器显示
                  view_joint_pos();
          }//switch(msg.what)
    }//handleMessage(Message msg)
};//Handler handler=new Handler()
```

8）在 MainActivity 的 onCreate( )方法中添加圆柱坐标系的位置初始值，它是关节 a0~a4 处于初始位置时（a0~a4=0）所对应的圆柱坐标系位置。

```
protected void onCreate(Bundle savedInstanceState){
    ...
    //启动定时器
    timerTask(cycle_time);
      //计算圆柱坐标系的位置初值
    pt_pos[0]=0;//a0
    pt_pos[1]=ROB_PAR.PART1_shift_w+ROB_PAR.L3+ROB_PAR.L4
              +ROB_PAR.L6+ROB_PAR.L6+ROB_PAR.LT;        //R
    pt_pos[2]=ROB_PAR.L1+ROB_PAR.L2;                    //Z
```

```
    pt_pos[3]=0;                                                        //a3
    pt_pos[4]=0;                                                        //B
    pt_pos[5]=0;                                                        //a5
}//onCreate()
```

9）修改 MainActivity 的位置显示子程序 view_joint_pos( )，将关节坐标系显示改为圆柱坐标系位置显示。

```
//显示关节位置和运动速度
private void view_joint_pos(){
...
/*
for(i=0;i<ROB_PAR.MAX_AXIS;i++){
   //显示 A0~A5
   str=str+"  A"+Integer.toString(i)+":";
   str=str+df.format(pt_pos[i]);
   }//for(i=0;i<ROB_PAR.MAX_AXIS;i++)
*/
str=str+"  A0:";
str=str+df.format(pt_pos[0]);
str=str+"  R:";
str=str+df.format(pt_pos[1]);
str=str+"  Z:";
str=str+df.format(pt_pos[2]);
str=str+"  A3:";
str=str+df.format(pt_pos[3]);
str=str+"  B:";
str=str+df.format(pt_pos[4]);
str=str+"  A5:";
str=str+df.format(pt_pos[5]);
...
}
```

10）完成上述编程后，将程序下载到手机或平板计算机，就可以在圆柱坐标系下操作机器人运动了。与关节坐标系操作相比，更容易控制机器人工具的空间位置和姿态。

# 第 10 章

# 工业机器人程序控制运动仿真编程

第 5 章~第 9 章介绍了工业机器人的 3D 造型和手动控制的运动仿真编程示例。在此基础上，本章介绍工业机器人程序控制原理和程序控制运动仿真编程方法，包括控制系统结构、工作原理、运动控制程序指令格式等。

## 10.1 控制系统结构和工作原理

工业机器人按照编程人员或操作人员根据工作任务编写的运动控制程序（数控程序），自动循环运行，完成机器人的运动和操作。图 10-1 描述了机器人按照数控程序，顺序完成从圆柱坐标系的 PT1(A0.1,R.1,Z.1,B.1,A5.1) 点顺序运动的到 PT2、PT3 点的运动控制过程。图 10-2 为工业机器人控制系统软件和程序控制原理示意图。运动控制程序（数控程序）包括运动速度指令 speed（给定运动速度）、运动位置指令 move 和运动的终点位置 A0，R，Z，B，A5，它对应图 10-1 中所示 PT1、PT2、PT3…的位置和工具姿态。工作过程如下：

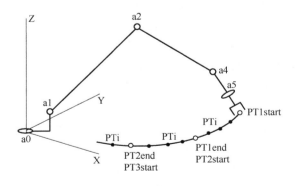

图 10-1　圆柱坐标系运动控制原理

1）译码器从数控程序（文件或数组变量）读取一个程序段，如 move，A0.1，R.1，Z.1，B.1，A5.1，它表示从当前位置 PT1start 运动到 PT1end，速度为前一段程序命令给定的速度指令 speed。

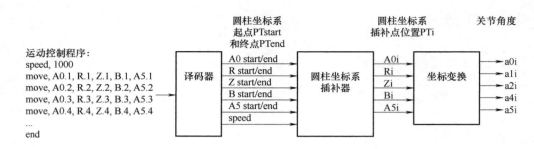

图 10-2　工业机器人控制系统软件和程序控制原理示意图

2）译码器将该程序段运动的起点和终点：A0start/end、Rstart/end、Zstart/end、Bstart/end、A5start/end，速度 speed 传递给圆柱坐标系插补器。

3）圆柱坐标系插补器根据起点、终点、速度指令，按照控制周期（插补周期）计算圆柱坐标系的插补点 PTi（A0i，Ri，Zi，Bi，A5i），传递给坐标变换模块。

4）坐标变换模块根据公式（9-1）～公式（9-10）计算出机器人关节坐标位置 a0i，a1i，a2i，a4i，a5i，完成机器人运动控制和仿真。

5）到达插补终点 PT1end 后，译码器读取下一个程序段 move，A0.2，R.2，Z.2，B.2，A5.2，完成下一段程序运动，直至数控程序结束 end。

## 10.2　直线插补器原理

直线插补器根据直线起点位置、终点位置和编程进给速度在每个插补周期计算位置增量，控制坐标位置产生直线运动。在圆柱坐标系插补中，使用直线插补原理控制 A0、R、Z、B 位置按线性比例关系完成从起点到终点的运动。在图 10-3 中，Pstart（A0start，Rstart，Zstart，Bstart）为插补起点的 R 和 Z 坐标，Pend（A0end，Rend，Zend，Bend）为插补终点的 R 和 Z 坐标，Vprog 为编程进给速度。有多种直线插补实现方法，作为示例，本节介绍一种直接计算方法，适用于具有硬件浮点计算功能的

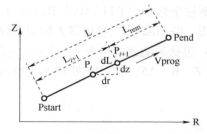

图 10-3　直线插补器原理

控制计算机。可以将插补计算分成三个部分：插补准备、插补计算、终点判别和处理。

### 1. 插补准备

插补准备计算为插补器运行准备必要的固定参数，包括各个进给轴的运动距离：

$$\Delta A0 = A0end - A0start$$
$$\Delta R = Rend - Rstart$$
$$\Delta Z = Zend - Zstart \qquad (10\text{-}1)$$
$$\Delta B = Bend - Bstart$$

插补线段长度为：

$$L = \sqrt{\Delta A0^2 + \Delta R^2 + \Delta Z^2 + \Delta B^2} \qquad (10\text{-}2)$$

**2. 插补计算**

在每个插补周期，计算插补器的位置输出。首先计算每个插补周期的路程进给增量：

$$dL = Vprog \times T_{int\,pl} \qquad (10\text{-}3)$$

其中，$T_{int\,pl}$ 为插补周期。然后由路程进给增量 dL 计算出新的插补坐标位置：

$$L_{i+1} = L_i + dL \qquad (10\text{-}4)$$

$$A0_{i+1} = A0_i + \frac{L_{i+1}\Delta A0}{L}$$

$$R_{i+1} = R_i + \frac{L_{i+1}\Delta R}{L}$$

$$\qquad (10\text{-}5)$$

$$Z_{i+1} = Z_i + \frac{L_{i+1}\Delta Z}{L}$$

$$B_{i+1} = B_i + \frac{L_{i+1}\Delta B}{L}$$

**3. 终点判别和处理**

在插补计算同时，还要计算剩余插补路程 $L_{rem}$，确定是否到达插补终点：

$$L_{rem} = L - L_{i+1} \qquad (10\text{-}6)$$

当剩余插补路程小于或等于 1 个插补周期的插补（进给）增量时：

$$L_{rem} \leqslant dL \qquad (10\text{-}7)$$

表示已经达到插补终点，输出终点坐标：

$$A0_{i+1} = A0end$$

$$R_{i+1} = Rend$$

$$Z_{i+1} = Zend$$

$$B_{i+1} = Bend \qquad (10\text{-}8)$$

结束插补。

# 10.3　工业机器人程序控制运动仿真编程示例

## 10.3.1　创建 GL ROBOT PR 工程

为了简化编程，可以在第 9 章已经完成的 GL ROBOT CL 工程基础上，增加数控程序控制运动功能，创建 GL ROBOT PR 工程，编程步骤如下：

1）创建 1 个新的 Android 应用程序，命名为 gl_robot_pr。

2）将之前编写的 gl_robot_cl 程序 src 文件夹和 res/layout 文件夹的所有程序复制到 gl_robot_pr。

3）测试运行。

## 10.3.2　添加状态标志 ST 类

在 gl_robot_pr 应用程序中添加一个枚举类，为译码器和插补器程序提供运行命令和状态标志。示例程序如下：

```
public enum ST {
    NULL,           //译码器/插补器空闲
    PREPARE,        //插补器准备
    WORKING,        //译码器/插补器运行
    FEEDHOLD,       //译码器/插补器暂停
    FINISH,         //译码/插补结束
    CONTINUE        //译码/插补继续
}
```

主程序 MainActivity 的操作界面通过 ST 类变量控制插补器和译码器的运行，执行数控程序自动循环控制。

### 10.3.3　添加直线插补器_interpolator 类

在 gl_robot_pr 应用程序中添加一个直线插补器_interpolator 类，示例程序如下：

```
//直线插补器
public class _interpolator {
ST working_state=ST.NULL;                          //插补器初始状态
float SYS_PERIOD=0.05f;                            //插补周期 0.05s

float v_prog;                                      //插补运动速度
float[] p_end=new float[ROB_PAR.MAX_AXIS];         //插补终点
float[] p_start=new float[ROB_PAR.MAX_AXIS];       //插补起点
float[] p_len=new float[ROB_PAR.MAX_AXIS];         //总插补路程
float[] pi=new float[ROB_PAR.MAX_AXIS];            //当前插补位置

float L;                                           //总插补路程
float Li;                                          //当前插补路程
float dL;                                          //插补路程增量
float remaind_way;                                 //剩余插补路程
int i;

//-----------------------------------
public  void active(int feed_select){
if(working_state==ST.PREPARE){
    //插补准备计算, 公式(10-1)和(10-2)
    for(i=0;i<ROB_PAR.MAX_AXIS;i++){
        pi[i]=p_start[i];
        p_len[i]=p_end[i]-p_start[i];
        }
    L=0;
```

```
        for(i=0;i<ROB_PAR.MAX_AXIS;i++){
            L=L+p_len[i]*p_len[i];
            }
        L=(float)Math.sqrt(L);

        //设置插补路程和剩余路程
        Li=0;
        remaind_way=L;

        //转入插补计算阶段
        working_state=ST.WORKING;
        }

    if(working_state==ST.WORKING){
        //插补计算,公式(10-3)和公式(10-4)
        dL=v_prog*SYS_PERIOD/60*(float)feed_select/100;
        Li=Li+dL;

        //终点判别,公式(10-7)
        if(remaind_way<=dL){
            //达到插补终点,插补结束,公式(10-8)
            for(i=0;i<ROB_PAR.MAX_AXIS;i++){
                pi[i]=p_end[i];
                }
            working_state=ST.FINISH;
            }

        //插补计算 公式(10-5)
        else {
            for(i=0;i<ROB_PAR.MAX_AXIS;i++){
                pi[i]=p_start[i]+p_len[i]*Li/L;
                }

            //计算剩余路程 公式(10-6)
            remaind_way=L-Li;
            }//else

        }//if(working_state==ST.WORKING)

}//void active()
    }
```

_interpolator 类由两个部分组成：

1）变量定义，对应公式（10-1）~公式（10-8）所使用的变量。

2）active（int feed_select）方法，对应公式（10-1）~公式（10-8）的计算。主程序通过 active( )方法调用插补器运行，过程如下：

① 设置插补器工作状态（命令）working_state=ST. PREPARE，启动插补器。

② 插补器完成插补准备计算，公式（10-1）和公式（10-2），设置状态命令 working_state=ST. WORKING，进入插补器运行状态。

③ 插补器执行插补计算公式（10-3）~公式（10-6）和终点判别计算公式（10-7）和公式（10-8），其中用 feed_select 变量可以调整插补运动的速度。

```
dL=v_prog * SYS_PERIOD/60 * (float)feed_select/100;
```

④ 到达插补终点时，设置 working_state=ST. FINISH。

## 10.3.4 添加译码器_decoder 类

在 gl_robot_pr 应用程序中添加一个译码器_decoder 类，示例程序如下：

```
package com. example. gl_robot_pr;
import java. io. FileInputStream;
import java. io. FileNotFoundException;
import java. io. IOException;
import android. os. Environment;

//译码器
public class _decoder {
    int MAX_NC_BLOCK=1000;                              //最大数控程序段数目
    String[][] nc_block=new String[MAX_NC_BLOCK][ROB_PAR. MAX_AXIS+1];

//数控程序存储变量数组
    int block_pointer;                                  //程序段译码指针
    float prog_speed;                                   //编程运动速度
    float[] pos_end=new float[ROB_PAR. MAX_AXIS];       //运动目标(终点)位置
    ST working_state;                                   //译码器工作状态
    int CMD=0;                                          //指令编码
    int SPEED=1;                                        //速度指令编码
    int A0=1;                                           //A0 编码
    int R=2;                                            //R 编码
    int Z=3;                                            //Z 编码
    int B=5;                                            //B 编码
    int A5=6;                                           //A5 编码
    String nc_block_view;                               //显示数控程序段
```

```
//---加载数控程序---
void load_nc_program(){
int i,j;

//清除数控程序存储变量数组
for(j=0;j<MAX_NC_BLOCK;j++)
  for(i=0;i<ROB_PAR.MAX_AXIS+1;i++)nc_block[j][i]="*";

//创建一个演示数控程序,写入到数控程序存储变量数组
i=0;
nc_block[i][CMD]="speed";                    //速度=1000
nc_block[i][SPEED]="1000";


i++;
nc_block[i][CMD]="move";                      //运动到 A0=-30°
nc_block[i][A0]="-30";


i++;
nc_block[i][CMD]="speed";                    //速度=4000
nc_block[i][SPEED]="4000";


i++;
nc_block[i][CMD]="move";                      //运动到 R=1100
nc_block[i][R]="1100";


i++;
nc_block[i][CMD]="move";                      //运动到 Z=700
nc_block[i][Z]="700";


i++;
nc_block[i][CMD]="speed";                    //速度=1000
nc_block[i][SPEED]="1000";


i++;
nc_block[i][CMD]="move";                      //运动到 B=30°
nc_block[i][B]="30";


i++;
nc_block[i][CMD]="move";                      //运动到 A5=90°
nc_block[i][A5]="90";


i++;
```

```
nc_block[i][CMD]="speed";                          //速度=4000
nc_block[i][SPEED]="4000";
i++;
nc_block[i][CMD]="move";                           //返回到初始位置
nc_block[i][A0]="0";
nc_block[i][R]="890";
nc_block[i][Z]="1050";
nc_block[i][B]="0";
nc_block[i][A5]="0";


i++;
nc_block[i][CMD]="end";                            //程序结束


//从平板计算机主文件目录的gl-motion.txt文件读取数控程序,
//如果读取成功,写入到数控程序存储变量数组

int ch=0;//读入字符的整型变量定义
char chs;//读入字符的字符型变量定义

try{
   FileInputStream input=new FileInputStream(Environment.getExternalStorage
Directory()
                +"/"+"gl-motion.txt");
   //清除数控程序存储变量数组
   for(j=0;j<MAX_NC_BLOCK;j++)
     for(i=0;i<ROB_PAR.MAX_AXIS+1;i++)nc_block[j][i]="";

   j=0;
   i=0;

   do{
     try{
       ch=input.read();                             //从文件读一个整型变量
       chs=(char)ch;                                //转换成字符变量
       if(chs=='\n'&& j<MAX_NC_BLOCK-1){
         //读到换行符,准备读下一个数控程序段
         j++;
         i=0;
       }
       else if(chs==','&& i<ROB_PAR.MAX_AXIS){
         //读到指令变量分隔符,准备读下一个指令数据变量
```

```
            i++;
        }
        else{
            //读字符，合并到指令数据变量
            nc_block[j][i]=nc_block[j][i]+chs;
        }
    }
    catch(IOException e){
    }
} while(ch! =-1);


}
catch(FileNotFoundException e){
    //e.printStackTrace();
}


//设置程序段译码指针
block_pointer=0;
}


//---译码程序--
void decoder(float[] pos_start){
int i;

//预置运动终点位置
for(i=0;i<ROB_PAR.MAX_AXIS;i++)pos_end[i]=pos_start[i];

//获得编程运动速度
if(nc_block[block_pointer][CMD].compareTo("speed")==0)
    try {
        prog_speed=Float.parseFloat(nc_block[block_pointer][SPEED]);
    }
    catch(Exception e){
    };

//获得运动终点位置
if(nc_block[block_pointer][CMD].compareTo("move")==0){
    for(i=0;i<ROB_PAR.MAX_AXIS ;i++){
        try {
            pos_end[i]=Float.parseFloat(nc_block[block_pointer][i+1]);
        }
        catch(Exception e){
```

105

```
        };
    }
}

//数控程序结束
if(nc_block[block_pointer][CMD].compareTo("end")==0)
    working_state=ST.NULL;

//生成显示数控程序段
nc_block_view="\n"+block_pointer+":";
for(i=0;i<ROB_PAR.MAX_AXIS+1;i++){
  nc_block_view=nc_block_view+" "+nc_block[block_pointer][i];
  }

  //数控程序指针指向下一段程序
  if(block_pointer<MAX_NC_BLOCK)block_pointer++;
  }
}
```

_decoder 类由三个部分组成：

1）变量定义部分，定义译码器类所使用的变量。其中数组变量 nc_block 用于存储数控程序（图 10-2）：

```
String[][] nc_block=new String[MAX_NC_BLOCK][ROB_PAR.MAX_AXIS+1];
```

2）清除数控程序存储变量数组：

```
for(i=0;i<ROB_PAR.MAX_AXIS+1;i++)nc_block[j][i]="*";
```

" * " 表示对应的坐标轴没有运动。

3）load_nc_program( )方法用于加载数控程序。它由两个部分组成：

① 创建一个运动控制演示程序，直接将运动指令写到数组变量 nc_block[ ][ ]中：

```
i=0;
nc_block[i][CMD]="speed";          //速度=1000
nc_block[i][SPEED]="1000";

i++;
nc_block[i][CMD]="move";           //运动到 A=-30°
nc_block[i][A0]="-30";
....
```

这个程序片段对应如图 10-2 中所示的圆柱坐标系运动控制程序：

```
speed,1000
move,-30,*,*,*,*,*
speed,4000
move,*,1100,*,*,*,*
move *,*,700,*,*,*
speed,1000
move,*,*,*,*,30,*
move,*,*,*,*,*,90
speed,4000
move,0,890,1050,0,0,0
end
```

" * " 表示对应的坐标轴没有运动，终点位置＝起点位置。

② 从平板计算机或手机主文件目录下的 gl-motion. txt 文件中读数控程序。如果这个文件存在，则刷新 nc_block[ ][ ]数组的变量。示例程序片段如下：

```
try {
    FileInputStream input=new FileInputStream(Environment.getExternalStorage
Directory()
            +"/"+"gl-motion.txt");
    //清除数控程序存储变量数组
    for(j=0;j<MAX_NC_BLOCK;j++)
      for(i=0;i<ROB_PAR.MAX_AXIS+1;i++)nc_block[j][i]="";

    j=0;
    i=0;

    do{
      try {
        ch=input.read();              //从文件读一个整型变量
        chs=(char)ch;                 //转换成字符变量
        ...
        //读字符,合并到指令数据变量
        nc_block[j][i]=nc_block[j][i]+chs;
        ...
        }
    ...
    }
```

gl-motion. txt 文件的数控程序代码格式示例如下：

```
speed,1000
move,-30,*,*,*,*,*
```

```
speed,4000
move,*,1100,*,*,*,*
...
move,0,890,1050,0,0,0
...
end
```

通过编写 gl-motion.txt 文件的数控程序，可以控制机器人完成各种圆柱坐标系运动演示。

③ 设置数控程序译码指针 block_pointer = 0，为译码器运行做准备。它指示当前需要执行数控程序段位置：

```
...
//设置程序段译码指针
block_pointer=0;
...
```

4）decoder（）方法，执行数控程序译码任务。它由以下六个部分组成：

① 预置运动终点位置，当数控程序指令值为"*"时，对应的坐标轴无运动，终点位置等于起点位置：

```
//预置运动终点位置
for(i=0;i<ROB_PAR.MAX_AXIS;i++)pos_end[i]=pos_start[i];
```

② 将速度指令 speed 译码，将速度指令的指令值写入到变量 prog_speed：

```
//获得编程运动速度
if(nc_block[block_pointer][CMD].compareTo("speed")==0)
  try {
    prog_speed=Float.parseFloat(nc_block[block_pointer][SPEED]);
      }
  catch(Exception e){
    };
```

程序中的 Float.parseFloat（）方法将字符串转换成浮点类型变量。

③ 将运动位置指令 move 译码，将位置指令的指令值写入到变量 pos_end：

```
//获得运动终点位置
if(nc_block[block_pointer][CMD].compareTo("move")==0){
  for(i=0;i<ROB_PAR.MAX_AXIS ;i++){
    try {
      pos_end[i]=Float.parseFloat(nc_block[block_pointer][i+1]);
```

```
        }
    catch(Exception e){
        };
    }
}
```

④ 将程序结束指令 end 译码，设置译码器工作状态 working_state = ST. NULL，结束数控程序运行：

```
//数控程序结束
if(nc_block[block_pointer][CMD].compareTo("end")==0)
    working_state=ST.NULL;
```

⑤ 生成数控程序段字符串 nc_block_view：

```
//生成显示数控程序段
nc_block_view="\n"+block_pointer+":";
for(i=0;i<ROB_PAR.MAX_AXIS+1;i++){
  nc_block_view=nc_block_view+" "+nc_block[block_pointer][i];
  }
```

主程序 MainActivity 使用这个变量，在屏幕上显示正在执行的数控程序段：
⑥ 设置数控程序译码指针 block_pointer，指示下次译码的程序段位置：

```
//数控程序指针指向下一段程序
if(block_pointer<MAX_NC_BLOCK)block_pointer++;
```

## 10.3.5　操作界面布局

将第 9 章圆柱坐标系示例程序 gl_robot_cl 操作界面布局修改为 gl_robot_pr 的界面布局，如图 10-4 所示。

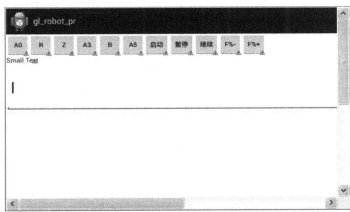

图 10-4　操作界面视图布局

修改步骤如下：

1）修改 gl_robot_cl 的视图布局文件 activity_main.xml。将按钮控件 button_move_minue、button_move_plus、button_move_stop 修改为 button_run、button_hold、button_continue。

以下是 gl_robot_cl 视图布局文件 activity_main.xml 的按钮控件 button_move_minue、button_move_plus、button_move_stop 程序片段和新的视图布局程序：

① gl_robot_cl 视图布局文件中定义按钮控件 button_move_minue、button_move_plus、button_move_stop 的程序片段：

```xml
<LinearLayout xmlns:android="http://schemas.android.com/apk/res/android"
        ...
        <Button
            android:id="@+id/button_move_minus"
            style="?android:attr/buttonStyleSmall"
            android:layout_width="wrap_content"
            android:layout_height="wrap_content"
            android:text="move -"/>

        <Button
            android:id="@+id/button_move_plus"
            style="?android:attr/buttonStyleSmall"
            android:layout_width="wrap_content"
            android:layout_height="wrap_content"
            android:text="move+"/>

        <Button
            android:id="@+id/button_move_stop"
            style="?android:attr/buttonStyleSmall"
            android:layout_width="wrap_content"
            android:layout_height="wrap_content"
            android:text="stop"/>
```

② gl_robot_pr 的视图布局文件：

```xml
<LinearLayout xmlns:android="http://schemas.android.com/apk/res/android"
    xmlns:tools="http://schemas.android.com/tools"
    android:id="@+id/act_main"
    android:layout_width="match_parent"
    android:layout_height="match_parent"
    android:orientation="vertical"
    tools:context=".MainActivity">
        <requestFocus/>

        <LinearLayout
            android:layout_width="match_parent"
```

```
android:layout_height="wrap_content">

<Button
    android:id="@+id/button_a0"
    style="? android:attr/buttonStyleSmall"
    android:layout_width="wrap_content"
    android:layout_height="wrap_content"
    android:text="A0"/>

<Button
    android:id="@+id/button_a1"
    style="? android:attr/buttonStyleSmall"
    android:layout_width="wrap_content"
    android:layout_height="wrap_content"
    android:text="R"/>

<Button
    android:id="@+id/button_a2"
    style="? android:attr/buttonStyleSmall"
    android:layout_width="wrap_content"
    android:layout_height="wrap_content"
    android:text="Z"/>

<Button
    android:id="@+id/button_a3"
    style="? android:attr/buttonStyleSmall"
    android:layout_width="wrap_content"
    android:layout_height="wrap_content"
    android:text="A3"/>

<Button
    android:id="@+id/button_a4"
    style="? android:attr/buttonStyleSmall"
    android:layout_width="wrap_content"
    android:layout_height="wrap_content"
    android:text="B"/>

<Button
    android:id="@+id/button_a5"
    style="? android:attr/buttonStyleSmall"
    android:layout_width="wrap_content"
    android:layout_height="wrap_content"
    android:text="A5"/>
```

```xml
        <Button
            android:id="@ +id/button_run"
            style="? android:attr/buttonStyleSmall"
            android:layout_width="wrap_content"
            android:layout_height="wrap_content"
            android:text="启动"/>

        <Button
            android:id="@ +id/button_hold"
            style="? android:attr/buttonStyleSmall"
            android:layout_width="wrap_content"
            android:layout_height="wrap_content"
            android:text="暂停"/>

        <Button
            android:id="@ +id/button_continue"
            style="? android:attr/buttonStyleSmall"
            android:layout_width="wrap_content"
            android:layout_height="wrap_content"
            android:text="继续"/>

        <Button
            android:id="@ +id/button_f_minus"
            style="? android:attr/buttonStyleSmall"
            android:layout_width="wrap_content"
            android:layout_height="wrap_content"
            android:text="F%-"/>

        <Button
            android:id="@ +id/button_f_plus"
            style="? android:attr/buttonStyleSmall"
            android:layout_width="wrap_content"
            android:layout_height="wrap_content"
            android:text="F%+"/>

    </LinearLayout>

    <TextView
        android:id="@ +id/textView1"
        android:layout_width="wrap_content"
        android:layout_height="wrap_content"
        android:text="Small Text"
```

```
            android:textAppearance="? android:attr/textAppearanceSmall"/>

        <EditText
        android:id="@ +id/editText1"
        android:layout_width="match_parent"
        android:layout_height="100dp"
        android:ems="10">

            <requestFocus/>
        </EditText>

</LinearLayout>
```

2）在视图布局文件 activity_main. xml 中添加一个文本编辑控件 editText1，用于显示正在执行的数控程序段：

```
<EditText
    android:id="@ +id/editText1"
    android:layout_width="match_parent"
    android:layout_height="100dp"
    android:ems="10">

    <requestFocus/>
</EditText>
```

### 10.3.6　主程序 MainActivity

在 gr_robot_cl 主程序 MainActivity（附录 H）的基础上，构建 gl_robot_pr 的主程序 MainActivity。附录 I 是 gr_robot_pr 主程序 MainActivity 的源程序。修改和新增的部分如下：

**1. 将按钮控件 button_move_minue、button_move_plus、button_move_stop 修改为 button_run、button_hold、button_continue**

以下是 gl_robot_cl 中按钮控件 button_move_minue、button_move_plus、button_move_stop 的程序片段和新的按钮控件的程序片段。

1）gl_robot_cl 中按钮控件 button_move_minue、button_move_plus、button_move_stop 的程序片段：

```
//---获取界面布局的按钮和添加监听 move+,move-,move_stop
  //获取按钮 move+
  Button bt_move_plus = (Button)findViewById(R. id. button_move_plus);
  //添加按钮监听 move+
  bt_move_plus. setOnClickListener(bt_move_plus_click);
```

```
//获取按钮 move-
Button bt_move_minus=(Button)findViewById(R.id.button_move_minus);
//添加按钮监听 move-
bt_move_minus.setOnClickListener(bt_move_minus_click);


//获取按钮 move_stop
Button bt_move_stop=(Button)findViewById(R.id.button_move_stop);
//添加按钮监听 move_stop
bt_move_stop.setOnClickListener(bt_move_stop_click);
```

2）gl_robot_pr 中按钮控件 button_run、button_hold、button_continue 程序片段：

```
//获取界面布局的按钮和添加监听 run,hold,continue

//获取按钮 run
Button bt_run=(Button)findViewById(R.id.button_run);
//添加按钮监听 run
bt_run.setOnClickListener(bt_run_click);


//获取按钮 hold
Button bt_hold=(Button)findViewById(R.id.button_hold);
//添加按钮监听 hold
bt_hold.setOnClickListener(bt_hold_click);


//获取按钮 continue
Button bt_continue=(Button)findViewById(R.id.button_continue);
//添加按钮监听 continue
bt_continue.setOnClickListener(bt_continue_click);
```

**2. 添加 button_run、button_hold、button_continue 按钮的响应程序**

1）将 gl_robot_cl 的 bt_move_plus_click 修改为 bt_run_click 响应：

```
//按钮 move+
Button.OnClickListener bt_move_plus_click=new Button.OnClickListener(){
  @Override
  public void onClick(View v){
    ...
  }//onClick(View v)
};//Button.OnClickListener bt_move_plus_click


//按钮响应和处理 run,hold,continue
```

```
//按钮 run
 Button.OnClickListener bt_run_click=new Button.OnClickListener(){
 @Override
 public void onClick(View v){
 decoder.load_nc_program();                      //加载数控程序
 decoder.working_state=ST.WORKING;               //启动译码器
 interpolator.working_state=ST.NULL;             //设置插补器状态为空闲

 }
};
```

如图 10-4 所示，当单击操作界面视图的"启动"按钮控件后，主程序执行 bt_run_click 响应。它完成以下三个操作：

① 调用 10.3.4 节中译码器类的 decoder.load_nc_prog( )方法，加载一个数控程序。

② 启动译码器运行 decoder.working_state=ST.WORKING。

③ 设置 10.3.3 节中插补器为等待启动（空闲）状态 interpolator.working_state=ST.NULL。

2）将 gl_robot_cl 的 bt_move_minus_click 修改为 bt_hold_click 响应：

```
//按钮 move-
 Button.OnClickListener bt_move_minus_click=new Button.OnClickListener(){
 @Override
 public void onClick(View v){
 ...
 }//onClick(View v)
};//Button.OnClickListener bt_move_minus_click


//按钮 hold
Button.OnClickListener bt_hold_click=new Button.OnClickListener(){
 @Override
 public void onClick(View v){
 interpolator.working_state=ST.FEEDHOLD;
 }
};
```

如图 10-4 所示，当单击操作界面视图的"暂停"按钮控件后，主程序执行 bt_hold_click 响应。它设置插补器的运行状态为暂停状态：interpolator.working_state=ST.FEEDHOLD，插补器 interpolator 暂停插补计算，停止运动，等待继续运行命令。

3）将 gl_robot_cl 的 bt_stop_click 修改为 bt_continue_click 响应：

```
//按钮 move_stop
 Button.OnClickListener bt_move_stop_click=new Button.OnClickListener(){
 @Override
```

```
  public void onClick(View v){
  ...
  }//onClick(View v)
};//Button.OnClickListener bt_move_stop_click


//按钮 continue
Button.OnClickListener bt_continue_click=new Button.OnClickListener(){
  @Override
  public void onClick(View v){
  interpolator.working_state=ST.WORKING;
  }
};
```

如图 10-4 所示，当单击操作界面视图的"继续"按钮控件后，主程序执行 bt_continue_
click 响应。它设置插补器的状态为插补运行状态：interpolator.working_state=ST.WORKING，
插补器 interpolator 继续插补计算，产生机器人插补运动。

### 3. 添加机器人圆柱坐标系和插补器初始位置设定

```
protected void onCreate(Bundle savedInstanceState){
  super.onCreate(savedInstanceState);
  ...
  //启动定时器
  timerTask(cycle_time);

  //计算圆柱坐标系的位置初值
  pt_pos[0]=0;                                              //a0
  pt_pos[1]=ROB_PAR.PART1_shift_w+ROB_PAR.L3+ROB_PAR.L4
            +ROB_PAR.L5+ROB_PAR.L6+ROB_PAR.LT;              //R
  pt_pos[2]=ROB_PAR.L1+ROB_PAR.L2;                          //Z
  pt_pos[3]=0;                                              //a3
  pt_pos[4]=0;                                              //B
  pt_pos[5]=0;                                              //a5

  //初始化插补器位置
  int i;
  for(i=0;i<ROB_PAR.MAX_AXIS;i++){
    interpolator.p_start[i]=pt_pos[i];                      //起点位置
    interpolator.pi[i]=pt_pos[i];                           //当前位置
  }

}//onCreate()
```

**4. 修改定时器消息队列处理程序**

示例程序片段如下：

```
//定时器消息队列
Handler handler=new Handler(){
  public void handleMessage(Message msg){
        int i;

        EditText nc_prog=(EditText)findViewById(R.id.editText1);

    switch(msg.what){
        case 1:
        if(decoder.working_state==ST.WORKING){
          if(interpolator.working_state==ST.NULL ‖
          interpolator.working_state==ST.FINISH){
            //译码一个程序段
            decoder.decoder(pt_pos);
            nc_prog.append(decoder.nc_block_view);      //显示数控程序段

            //加载圆柱插补器数据
            for(i=0;i<ROB_PAR.MAX_AXIS;i++){
                interpolator.p_start[i]=pt_pos[i];         //起点位置
                interpolator.p_end[i]=decoder.pos_end[i];  //终点位置
              }
            interpolator.v_prog=decoder.prog_speed;        //运动速度

            //启动插补器
            interpolator.working_state=ST.PREPARE;
            }//if(interpolator.working_state==ST.NULL
        }//if(decoder.working_state==ST.WORKING)

    //圆柱坐标系位置插补计算
    interpolator.active(feed_select);
    for(i=0;i<ROB_PAR.MAX_AXIS;i++)
        pt_pos[i]=interpolator.pi[i];

    //圆柱坐标系到关节坐标系变换计算
    joint_pos=cylinder_to_joint(pt_pos);

    //为 OpenGL 提供关节位置
    for(i=0;i<ROB_PAR.MAX_AXIS;i++)
        JOINT.A[i]=joint_pos[i];
```

**117**

```
    //定时器计数
    timer++;
    //位置、速度 F%、定时器显示
    view_joint_pos();


    }//switch(msg.what)
  }//handleMessage(Message msg)
};//Handler handler=new Handler()
```

示例程序中包括以下功能:

1) 定义数控程序显示窗口:

```
EditText nc_prog=(EditText)findViewById(R.id.editText1);
```

2) 如果译码器被启动,并且插补器处于空闲或者插补结束状态,则调用译码器,执行一个新数控程序段的译码:

```
if(decoder.working_state==ST.WORKING){
if(interpolator.working_state == ST.NULL ‖   interpolator.working_state == ST.FINISH){
        //译码一个程序段
        decoder.decoder(pt_pos);
        ...
        }
}
```

3) 显示数控程序段:

```
nc_prog.append(decoder.nc_block_view);            //显示数控程序段
```

4) 加载和启动插补器:

```
    //加载圆柱插补器数据
    for(i=0;i<ROB_PAR.MAX_AXIS;i++){
        interpolator.p_start[i]=pt_pos[i];            //起点位置
        interpolator.p_end[i]=decoder.pos_end[i];     //终点位置
      }
    interpolator.v_prog=decoder.prog_speed;           //运动速度

    //启动插补器
    interpolator.working_state=ST.PREPARE;
    }//if(interpolator.working_state==ST.NULL
}//if(decoder.working_state==ST.WORKING)
```

5）插补和坐标变换计算：

```
//圆柱坐标系位置插补计算
interpolator.active(feed_select);
for(i=0;i<ROB_PAR.MAX_AXIS;i++)
    pt_pos[i]=interpolator.pi[i];

//圆柱坐标系到关节坐标系变换计算
joint_pos=cylinder_to_joint(pt_pos);
```

6）驱动机器人关节运动：

```
//为 OpenGL 提供关节位置
for(i=0;i<ROB_PAR.MAX_AXIS;i++)
    JOINT.A[i]=joint_pos[i];
```

# 10.4  运行控制程序

完成 10.3 节的编程后，可以在平板计算机或者手机上运行 gl_robot_pr 应用程序。

**1. 运行 10.3.4 节程序预置的数控程序**

演示步骤如下：

1）启动 gl_robot_pr 应用程序。

2）单击"启动"按钮控件，如图 10-4 所示，启动数控程序译码和插补，产生机器人运动。

3）单击"暂停"按钮控件，机器人运动暂停。

4）单击"继续"按钮控件，机器人运动继续。

5）单击"F%+"或"F%-"按钮控件，调整机器人运动速度。

**2. 运行平板计算机或手机存储器中的数控程序**

演示步骤如下：

1）用文字编辑应用程序编写一个数控程序：

```
speed,1000
move,90,*,*,*,*,*
move,0,*,*,*,*,*
end
```

2）保存在主文件目录下，文件名称为 gl_motion.txt（文件为 txt 格式）。

3）启动 gl_robot_pr 应用程序。

4）单击"启动"按钮控件，开始数控程序译码和插补，机器人开始运动。

# 附　　录

## 附录 A　_surface 类的源程序

```java
package com.example.gl_robot;

public class _surface {
public float[]  vtx_val=new float[GL_CONST.MAX_VERTEX];        //顶点数组
public float[]  normal_val=new float[GL_CONST.MAX_VERTEX];     //法向量数组
public int vtx_n;                                              //顶点计数
float k=GL_CONST.MM_TO_GL_UNIT;                                //长度比例系数
float pi=(float)Math.PI;

//---创建矩形顶点数组---
public void rect_vertex(float[] p0,float[] p1,float[] p2,float[] p3,float[]
normal){
  int i,j;

  i=0;
  //三角形(其顶点为 p0、p1、p2)
  for(j=0;j<3;j++){
      normal_val[i]=normal[j];
      vtx_val[i++]=p0[j]*k;
      }

  for(j=0;j<3;j++){
      normal_val[i]=normal[j];
      vtx_val[i++]=(p0[j]+p1[j])*k;
```

```
          }

for(j=0;j<3;j++){
     normal_val[i]=normal[j];
     vtx_val[i++]=(p0[j]+p2[j])*k;
     }
```

//三角形(其顶点为 p2、p1、p3)
```
for(j=0;j<3;j++){
     normal_val[i]=normal[j];
     vtx_val[i++]=(p0[j]+p2[j])*k;
     }

for(j=0;j<3;j++){
     normal_val[i]=normal[j];
     vtx_val[i++]=(p0[j]+p1[j])*k;
     }

for(j=0;j<3;j++){
     normal_val[i]=normal[j];
     vtx_val[i++]=(p0[j]+p3[j])*k;
     }

vtx_n=i;

}    //void rect_vertex
```

//---创建圆形顶点数组---
```
public void circle_vertex(String axis,float[] c0,float r,float alf_start,float
alf_end,int segm_n){
  int i,n;

  double s_alf,d_alf,alf_n;
  s_alf=(alf_end-alf_start)/360*2*pi;
  if(segm_n<=0)segm_n=10;
  alf_n=alf_start/360*2*pi;
  d_alf=s_alf/segm_n;
  float[] normal={0,0,0};
  i=0;
```

//uOv 平面
```
if(axis=="w"‖axis=="+w"‖axis=="-w"){
```

```
    if(axis=="-w"){
        normal[0]=0;normal[1]=0;normal[2]=-1;
        }
    else {
        normal[0]=0;normal[1]=0;normal[2]=1;
        }
    for(n=0;n<segm_n;n++){
      //圆心 p0
      normal_val[i]=normal[0];
      vtx_val[i++]=c0[0]*k;

      normal_val[i]=normal[1];
      vtx_val[i++]=c0[1]*k;

      normal_val[i]=normal[2];
      vtx_val[i++]=c0[2]*k;

      //p1
      normal_val[i]=normal[0];
      vtx_val[i++]=c0[0]*k+(float)(r*k*Math.cos(alf_n));

      normal_val[i]=normal[1];
      vtx_val[i++]=c0[1]*k+(float)(r*k*Math.sin(alf_n));

      normal_val[i]=normal[2];
      vtx_val[i++]=c0[2]*k;

      //p2
      normal_val[i]=normal[0];
      vtx_val[i++]=c0[0]*k+(float)(r*k*Math.cos(alf_n+d_alf));

      normal_val[i]=normal[1];
      vtx_val[i++]=c0[1]*k+(float)(r*k*Math.sin(alf_n+d_alf));

      normal_val[i]=normal[2];
      vtx_val[i++]=c0[2]*k;

      alf_n=alf_n+d_alf;
      }    //for(n=0;n<segm_n;n++)
  }    //if(axis=="w"‖axis=="+w"‖axis=="-w")

//vOw 平面
if(axis=="u"‖axis=="+u"‖axis=="-u"){
```

```
if(axis=="-u"){
    normal[0]=-1;normal[1]=0;normal[2]=0;
    }
else {
    normal[0]=1;normal[1]=0;normal[2]=0;
    }


for(n=0;n<segm_n;n++){
  //圆心 p0
  normal_val[i]=normal[0];
  vtx_val[i++]=c0[0]*k;

  normal_val[i]=normal[1];
  vtx_val[i++]=c0[1]*k;

  normal_val[i]=normal[2];
  vtx_val[i++]=c0[2]*k;

  //p1
  normal_val[i]=normal[0];
  vtx_val[i++]=c0[0]*k;

  normal_val[i]=normal[1];
  vtx_val[i++]=c0[1]*k+(float)(r*k*Math.cos(alf_n));

  normal_val[i]=normal[2];
  vtx_val[i++]=c0[2]*k+(float)(r*k*Math.sin(alf_n));        //w轴方向

  //p2
  normal_val[i]=normal[0];
  vtx_val[i++]=c0[0]*k;

  normal_val[i]=normal[1];
  vtx_val[i++]=c0[1]*k+(float)(r*k*Math.cos(alf_n+d_alf));

  normal_val[i]=normal[2];
  vtx_val[i++]=c0[2]*k+(float)(r*k*Math.sin(alf_n+d_alf)); //w轴方向

  alf_n=alf_n+d_alf;
  }    //for(n=0;n<segm_n;n++)
}    // (axis=="u" ‖ axis=="+u" ‖ axis=="-u")
```

```
//wOu 平面
if(axis=="v" ‖ axis=="+v" ‖ axis=="-v"){
  if(axis=="-v"){
        normal[0]=0;normal[1]=-1;normal[2]=0;
        }
  else{
        normal[0]=0;normal[1]=1;normal[2]=0;
        }
  for(n=0;n<segm_n;n++){
    //圆心 p0
    normal_val[i]=normal[0];
    vtx_val[i++]=c0[0]*k;

    normal_val[i]=normal[1];
    vtx_val[i++]=c0[1]*k;

    normal_val[i]=normal[2];
    vtx_val[i++]=c0[2]*k;

    //p1
    normal_val[i]=normal[0];
    vtx_val[i++]=c0[0]*k+(float)(r*k*Math.sin(alf_n));

    normal_val[i]=normal[1];
    vtx_val[i++]=c0[1]*k;                                          //v 轴方向

    normal_val[i]=normal[2];
    vtx_val[i++]=c0[2]*k+(float)(r*k*Math.cos(alf_n));            //w 轴方向

    //p2
    normal_val[i]=normal[0];
    vtx_val[i++]=c0[0]*k+(float)(r*k*Math.sin(alf_n+d_alf));

    normal_val[i]=normal[1];
    vtx_val[i++]=c0[1]*k;                                          //v 轴方向

    normal_val[i]=normal[2];
    vtx_val[i++]=c0[2]*k+(float)(r*k*Math.cos(alf_n+d_alf));      //w 轴方向

    alf_n=alf_n+d_alf;
    }    //for(n=0;n<segm_n;n++)
}    //if(circle_plane=="wu")
```

```
vtx_n=i;
}    //  (axis=="v"‖axis=="+v"‖axis=="-v")


//---创建圆柱顶点数组---
public void cylinder_vertex(String axis,float[] c0,float r,float alf_start,
float alf_end,float height,int segm_n){
int i,n;
double s_alf,d_alf,alf_n;

s_alf=(alf_end-alf_start)/360*2*pi;
if(segm_n<=0)segm_n=10;
alf_n=alf_start/360*2*pi;
d_alf=s_alf/segm_n;

i=0;

//轴线方向为v轴方向
if(axis=="v"){
  for(n=0;n<segm_n;n++){
  //三角形(其顶点为p0、p1、p2)
  //p0
    normal_val[i]=(float)Math.sin(alf_n);
    vtx_val[i++]=c0[0]*k+(float)(r*k*Math.sin(alf_n));

    normal_val[i]=0;
    vtx_val[i++]=c0[1]*k;

    normal_val[i]=(float)Math.cos(alf_n);
    vtx_val[i++]=c0[2]*k+(float)(r*k*Math.cos(alf_n));

    //p1
    normal_val[i]=(float)Math.sin(alf_n);
    vtx_val[i++]=c0[0]*k+(float)(r*k*Math.sin(alf_n));

    normal_val[i]=0;
    vtx_val[i++]=c0[1]*k+height*k;

    normal_val[i]=(float)Math.cos(alf_n);
    vtx_val[i++]=c0[2]*k+(float)(r*k*Math.cos(alf_n));
```

```
//p2
normal_val[i]=(float)Math.sin(alf_n);
vtx_val[i++]=c0[0]*k+(float)(r*k*Math.sin(alf_n+d_alf));

normal_val[i]=0;
vtx_val[i++]=c0[1]*k;

normal_val[i]=(float)Math.cos(alf_n);
vtx_val[i++]=c0[2]*k+(float)(r*k*Math.cos(alf_n+d_alf));

//三角形(其顶点为p2、p1、p3)
//p2
normal_val[i]=(float)Math.sin(alf_n);
vtx_val[i++]=c0[0]*k+(float)(r*k*Math.sin(alf_n+d_alf));

normal_val[i]=0;                                        //v 轴方向
vtx_val[i++]=c0[1]*k;

normal_val[i]=(float)Math.cos(alf_n);
vtx_val[i++]=c0[2]*k+(float)(r*k*Math.cos(alf_n+d_alf));

//p1
normal_val[i]=(float)Math.sin(alf_n);
vtx_val[i++]=c0[0]*k+(float)(r*k*Math.sin(alf_n));

normal_val[i]=0;                                        //v 轴方向
vtx_val[i++]=c0[1]*k+height*k;

normal_val[i]=(float)Math.cos(alf_n);
vtx_val[i++]=c0[2]*k+(float)(r*k*Math.cos(alf_n));

//p3
normal_val[i]=(float)Math.sin(alf_n+d_alf);
vtx_val[i++]=c0[0]*k+(float)(r*k*Math.sin(alf_n+d_alf));

normal_val[i]=0;                                        //v 轴方向
vtx_val[i++]=c0[1]*k+height*k;

normal_val[i]=(float)Math.cos(alf_n+d_alf);
vtx_val[i++]=c0[2]*k+(float)(r*k*Math.cos(alf_n+d_alf));
```

```
   alf_n=alf_n+d_alf;
   }    //for(n=0;n<segm_n;n++)
}    //if(axis=="v")

//轴线方向为 w 轴方向
if(axis=="w"){
  for(n=0;n<segm_n;n++){
   //三角形(其顶点为 p0、p1、p2)
   //p0
   normal_val[i]=(float)Math.cos(alf_n);
   vtx_val[i++]=c0[0]*k+(float)(r*k*Math.cos(alf_n));

   normal_val[i]=(float)Math.sin(alf_n);
   vtx_val[i++]=c0[1]*k+(float)(r*k*Math.sin(alf_n));

   normal_val[i]=0;
   vtx_val[i++]=c0[2]*k;

   //p1
   normal_val[i]=(float)Math.cos(alf_n);
   vtx_val[i++]=c0[0]*k+(float)(r*k*Math.cos(alf_n));

   normal_val[i]=(float)Math.sin(alf_n);
   vtx_val[i++]=c0[1]*k+(float)(r*k*Math.sin(alf_n));

   normal_val[i]=0;                              //w 轴方向
   vtx_val[i++]=c0[2]*k+height*k;

   //p2
   normal_val[i]=(float)Math.cos(alf_n);
   vtx_val[i++]=c0[0]*k+(float)(r*k*Math.cos(alf_n+d_alf));

   normal_val[i]=(float)Math.sin(alf_n);
   vtx_val[i++]=c0[1]*k+(float)(r*k*Math.sin(alf_n+d_alf));

   normal_val[i]=0;                              //w 轴方向
   vtx_val[i++]=c0[2]*k;

   //三角形(其顶点为 p2、p1、p3)
   //p2
   normal_val[i]=(float)Math.cos(alf_n);
```

```
    vtx_val[i++]=c0[0]*k+(float)(r*k*Math.cos(alf_n+d_alf));

    normal_val[i]=(float)Math.sin(alf_n);
    vtx_val[i++]=c0[1]*k+(float)(r*k*Math.sin(alf_n+d_alf));

    normal_val[i]=0;                                      //w轴方向
    vtx_val[i++]=c0[2]*k;

    //p1
    normal_val[i]=(float)Math.cos(alf_n);
    vtx_val[i++]=c0[0]*k+(float)(r*k*Math.cos(alf_n));

    normal_val[i]=(float)Math.sin(alf_n);
    vtx_val[i++]=c0[1]*k+(float)(r*k*Math.sin(alf_n));

    normal_val[i]=0;
    vtx_val[i++]=c0[2]*k+height*k;

    //p3
    normal_val[i]=(float)Math.cos(alf_n);
    vtx_val[i++]=c0[0]*k+(float)(r*k*Math.cos(alf_n+d_alf));

    normal_val[i]=(float)Math.sin(alf_n);
    vtx_val[i++]=c0[1]*k+(float)(r*k*Math.sin(alf_n+d_alf));

    normal_val[i]=0;
    vtx_val[i++]=c0[2]*k+height*k;

    alf_n=alf_n+d_alf;
    }    //for(n=0;n<segm_n;n++)
  }    //if(axis=="w")

//轴线方向为u轴方向
if(axis=="u"){
  for(n=0;n<segm_n;n++){
    //三角形(其顶点为p0、p1、p2)
    //p0
    normal_val[i]=0;
    vtx_val[i++]=c0[0]*k;

    normal_val[i]=(float)Math.cos(alf_n);
```

```
vtx_val[i++]=c0[1]*k+(float)(r*k*Math.cos(alf_n));

normal_val[i]=(float)Math.sin(alf_n);
vtx_val[i++]=c0[2]*k+(float)(r*k*Math.sin(alf_n));

//p1
normal_val[i]=0;
vtx_val[i++]=c0[0]*k+height*k;

normal_val[i]=(float)Math.cos(alf_n);
vtx_val[i++]=c0[1]*k+(float)(r*k*Math.cos(alf_n));

normal_val[i]=(float)Math.sin(alf_n);
vtx_val[i++]=c0[2]*k+(float)(r*k*Math.sin(alf_n));

//p2
normal_val[i]=0;
vtx_val[i++]=c0[0]*k;

normal_val[i]=(float)Math.cos(alf_n);
vtx_val[i++]=c0[1]*k+(float)(r*k*Math.cos(alf_n+d_alf));

normal_val[i]=(float)Math.sin(alf_n);
vtx_val[i++]=c0[2]*k+(float)(r*k*Math.sin(alf_n+d_alf));

//三角形(其顶点为p0、p1、p2)
//p2
normal_val[i]=0;
vtx_val[i++]=c0[0]*k;

normal_val[i]=(float)Math.cos(alf_n);
vtx_val[i++]=c0[1]*k+(float)(r*k*Math.cos(alf_n+d_alf));

normal_val[i]=(float)Math.sin(alf_n);
vtx_val[i++]=c0[2]*k+(float)(r*k*Math.sin(alf_n+d_alf));

//p1
normal_val[i]=0;
vtx_val[i++]=c0[0]*k+height*k;

normal_val[i]=(float)Math.cos(alf_n);
```

```
    vtx_val[i++]=c0[1]*k+(float)(r*k*Math.cos(alf_n));

    normal_val[i]=(float)Math.sin(alf_n);
    vtx_val[i++]=c0[2]*k+(float)(r*k*Math.sin(alf_n));

    //p3
    normal_val[i]=0;
    vtx_val[i++]=c0[0]*k+height*k;

    normal_val[i]=(float)Math.cos(alf_n);
    vtx_val[i++]=c0[1]*k+(float)(r*k*Math.cos(alf_n+d_alf));

    normal_val[i]=(float)Math.sin(alf_n);
    vtx_val[i++]=c0[2]*k+(float)(r*k*Math.sin(alf_n+d_alf));
    alf_n=alf_n+d_alf;
    }    //for(n=0;n<segm_n;n++)
  }    //if(axis=="u")

  vtx_n=i;
}    //cylinder_vertex

}
```

# 附录 B  GL_CONST 类和 ROB_PAR 类的源程序

## 附录 B.1  GL_CONST 类的源程序

```
package com.example.gl_robot;

public class GL_CONST {
  static int MAX_VERTEX=10000;
  static float MM_TO_GL_UNIT=0.001f;        //长度比例系数
  static int VIEW_AXIS=3;                    //显示维数
}
```

## 附录 B.2  ROB_PAR 类的源程序

```
package com.example.gl_robot;
  public class ROB_PAR {
```

```
    static int MAX_AXIS=6;                          //运动轴的数目
    static float L1=250;                            //部件 part1 长度
    static float PART1_shift_w=70;                  //部件 part1 偏移
    static float L2=800;                            //部件 part2 长度
    static float L3=200;                            //部件 part3 长度
    static float L4=400;                            //部件 part4 长度
    static float L5=150;                            //部件 part5 长度
    static float L6=30;                             //部件 part6 长度
}
```

## 附录 B.3　JOINT 类的源程序

```
package com.example.gl_robot;
public class JOINT {
    static float[] A=new float[ROB_PAR.MAX_AXIS];
}
```

# 附录 C　_part0~_part6 类的源程序

## 附录 C.1　_part0 类的源程序

```
package com.example.gl_robot;

import java.nio.ByteBuffer;
import java.nio.ByteOrder;
import java.nio.FloatBuffer;


import javax.microedition.khronos.OpenGLes.GL10;

public class _part0 {
private final FloatBuffer vertex_buffer;            //顶点缓存区
private final FloatBuffer normal_buffer;            //法向量缓存区
_surface surface=new _surface();                    //加载 surface 类
int vtx_n;                                          //顶点数目

//---创建 part0 基座---
public _part0(){
float[] vertices=new float[GL_CONST.MAX_VERTEX];    //顶点数组
```

```
float[] normals=new float[GL_CONST.MAX_VERTEX];        //法向量数组
float[] p0=new float[GL_CONST.VIEW_AXIS];              //顶点位置
float[] p1=new float[GL_CONST.VIEW_AXIS];              //顶点位置
float[] p2=new float[GL_CONST.VIEW_AXIS];              //顶点位置
float[] p3=new float[GL_CONST.VIEW_AXIS];              //顶点位置
float[] normal=new float[GL_CONST.VIEW_AXIS];          //法向量
int i;

//基座尺寸
float hu=300f;                                         //u 方向长度
float hv=120f;                                         //v 方向长度
float hw=300f;                                         //w 方向长度

vtx_n=0;

//基座的上面
p0[0]=-hu/2;      p0[1]=0f;       p0[2]=-hw/2;
p1[0]=hu;         p1[1]=0f;       p1[2]=0f;
p2[0]=0f;         p2[1]=0f;       p2[2]=hw;
p3[0]=hu;         p3[1]=0f;       p3[2]=hw;
normal[0]=0;      normal[1]=1;    normal[2]=0;

surface.rect_vertex(p0,p1,p2,p3,normal);
for(i=0;i<surface.vtx_n;i++){
    vertices[i+vtx_n]=surface.vtx_val[i];
    normals[i+vtx_n]=surface.normal_val[i];
    }
vtx_n=vtx_n+surface.vtx_n;

//基座的前面
p0[0]=-hu/2;      p0[1]=0f;       p0[2]=hw/2;
p1[0]=0f;         p1[1]=-hv;      p1[2]=0f;
p2[0]=hu;         p2[1]=0f;       p2[2]=0f;
p3[0]=hu;         p3[1]=-hv;      p3[2]=0f;
normal[0]=0;      normal[1]=0;    normal[2]=1;

surface.rect_vertex(p0,p1,p2,p3,normal);
for(i=0;i<surface.vtx_n;i++){
    vertices[i+vtx_n]=surface.vtx_val[i];
    normals[i+vtx_n]=surface.normal_val[i];
    }
vtx_n=vtx_n+surface.vtx_n;
```

```
//基座的背面
p0[0]=-hu/2;      p0[1]=0f;        p0[2]=-hw/2;
normal[0]=0;      normal[1]=0;    normal[2]=-1;

surface.rect_vertex(p0,p1,p2,p3,normal);
for(i=0;i<surface.vtx_n;i++){
    vertices[i+vtx_n]=surface.vtx_val[i];
    normals[i+vtx_n]=surface.normal_val[i];
    }
vtx_n=vtx_n+surface.vtx_n;

//基座的右面
p0[0]=hu/2;       p0[1]=0f;        p0[2]=hw/2;
p1[0]=0f;         p1[1]=-hv;       p1[2]=0f;
p2[0]=0;          p2[1]=0f;        p2[2]=-hw;
p3[0]=0;          p3[1]=-hv;       p3[2]=-hw;
normal[0]=1;      normal[1]=0;    normal[2]=0;

surface.rect_vertex(p0,p1,p2,p3,normal);
for(i=0;i<surface.vtx_n;i++){
    vertices[i+vtx_n]=surface.vtx_val[i];
    normals[i+vtx_n]=surface.normal_val[i];
    }
vtx_n=vtx_n+surface.vtx_n;

//基座的左面
p0[0]=-hu/2;  p0[1]=0f;      p0[2]=hw/2;
normal[0]=-1;normal[1]=0; normal[2]=0;

surface.rect_vertex(p0,p1,p2,p3,normal);
for(i=0;i<surface.vtx_n;i++){
    vertices[i+vtx_n]=surface.vtx_val[i];
    normals[i+vtx_n]=surface.normal_val[i];
    }
vtx_n=vtx_n+surface.vtx_n;

//创建顶点缓冲区
ByteBuffer vbb=ByteBuffer.allocateDirect(vertices.length*4);
vbb.order(ByteOrder.nativeOrder());
vertex_buffer=vbb.asFloatBuffer();
vertex_buffer.put(vertices);
```

```
vertex_buffer.position(0);

//创建法向量缓冲区
ByteBuffer nbb=ByteBuffer.allocateDirect(normals.length*4);
nbb.order(ByteOrder.nativeOrder());
normal_buffer=nbb.asFloatBuffer();
normal_buffer.put(normals);
normal_buffer.position(0);
}     //_part0()

//---绘图---
public void draw(GL10 gl){
gl.glEnableClientState(GL10.GL_VERTEX_ARRAY);          //启用顶点坐标数组
gl.glEnableClientState(GL10.GL_NORMAL_ARRAY);          //启用法向量数组
gl.glVertexPointer(3,GL10.GL_FLOAT,0,vertex_buffer);   //顶点坐标指针
gl.glNormalPointer(GL10.GL_FLOAT,0,normal_buffer);     //法向量指针
gl.glDrawArrays(GL10.GL_TRIANGLES,0,vtx_n);            //绘图
}     //void draw()

}
```

## 附录 C.2　_part1 类的源程序

```
package com.example.gl_robot;

import java.nio.ByteBuffer;
import java.nio.ByteOrder;
import java.nio.FloatBuffer;
import java.nio.IntBuffer;

import javax.microedition.khronos.OpenGLes.GL10;

//---创建 part1 转台和立柱---
public class _part1 {
private final FloatBuffer vertex_buffer;              //顶点缓冲区
private final FloatBuffer normal_buffer;              //法向量缓冲区
_surface surface=new _surface();                      //加载 surface 类
int vtx_n;                                            //顶点数目

public _part1(){
float[] vertices=new float[GL_CONST.MAX_VERTEX];      //顶点数组
```

```
float[] normals=new float[GL_CONST.MAX_VERTEX];          //法向量数组
float[] p0=new float[GL_CONST.VIEW_AXIS];                //顶点位置
float[] p1=new float[GL_CONST.VIEW_AXIS];                //顶点位置
float[] p2=new float[GL_CONST.VIEW_AXIS];                //顶点位置
float[] p3=new float[GL_CONST.VIEW_AXIS];                //顶点位置
float[] normal=new float[GL_CONST.VIEW_AXIS];            //法向量
int i;

vtx_n=0;

//---转台---
float cyl_height=120;                                    //高度
float cyl_center[]={0,0,0};                              //中心位置
float circle_center[]={0,cyl_height,0};                  //顶面中心位置
float radius=140;                                        //半径
int segm_n=40;                                           //表面三角形分段

//圆柱侧面
surface.cylinder_vertex("v",cyl_center,radius,0,360,cyl_height,segm_n);
for(i=0;i<surface.vtx_n;i++){
    vertices[i+vtx_n]=surface.vtx_val[i];
    normals[i+vtx_n]=surface.normal_val[i];
    }
vtx_n=vtx_n+surface.vtx_n;

//圆柱顶面
surface.circle_vertex("v",circle_center,radius,0,360,segm_n);
for(i=0;i<surface.vtx_n;i++){
    vertices[i+vtx_n]=surface.vtx_val[i];
    normals[i+vtx_n]=surface.normal_val[i];
    }

vtx_n=vtx_n+surface.vtx_n;

//---立柱---
float height=ROB_PAR.L1;                                 //高度
float width=110;                                         //边长
float shift_w=ROB_PAR.PART1_shift_w;                     //位置偏移

//立柱前面
p0[0]=-width/2;   p0[1]=0;           p0[2]=shift_w+width/2;
p1[0]=width;      p1[1]=0;           p1[2]=0;
```

```
p2[0]=0;           p2[1]=height;        p2[2]=0;
p3[0]=width;       p3[1]=height;        p3[2]=0;
normal[0]=0;       normal[1]=0;         normal[2]=1;

surface.rect_vertex(p0,p1,p2,p3,normal);
for(i=0;i<surface.vtx_n;i++){
    vertices[i+vtx_n]=surface.vtx_val[i];
    normals[i+vtx_n]=surface.normal_val[i];
    }
vtx_n=vtx_n+surface.vtx_n;

//立柱背面
p0[2]=shift_w+-width/2;
normal[0]=0;    normal[1]=0;     normal[2]=-1;
surface.rect_vertex(p0,p1,p2,p3,normal);
for(i=0;i<surface.vtx_n;i++){
    vertices[i+vtx_n]=surface.vtx_val[i];
    normals[i+vtx_n]=surface.normal_val[i];
    }
vtx_n=vtx_n+surface.vtx_n;

//立柱右面
p0[0]=width/2;    p0[1]=0;        p0[2]=shift_w+width/2;
p1[0]=0;          p1[1]=0;        p1[2]=-width;
p2[0]=0;          p2[1]=height;   p2[2]=0;
p3[0]=0;          p3[1]=height;   p3[2]=-width;
normal[0]=1;      normal[1]=0;    normal[2]=0;

surface.rect_vertex(p0,p1,p2,p3,normal);
for(i=0;i<surface.vtx_n;i++){
    vertices[i+vtx_n]=surface.vtx_val[i];
    normals[i+vtx_n]=surface.normal_val[i];
    }
vtx_n=vtx_n+surface.vtx_n;

//立柱左面
p0[0]=-width/2;
normal[0]=-1;    normal[1]=0;     normal[2]=0;

surface.rect_vertex(p0,p1,p2,p3,normal);
for(i=0;i<surface.vtx_n;i++){
    vertices[i+vtx_n]=surface.vtx_val[i];
```

```
        normals[i+vtx_n]=surface.normal_val[i];
      }
vtx_n=vtx_n+surface.vtx_n;

//创建顶点缓冲区
ByteBuffer vbb=ByteBuffer.allocateDirect(vertices.length*4);
vbb.order(ByteOrder.nativeOrder());
vertex_buffer=vbb.asFloatBuffer();
vertex_buffer.put(vertices);
vertex_buffer.position(0);

//创建法向量缓冲区
ByteBuffer nbb=ByteBuffer.allocateDirect(normals.length*4);
nbb.order(ByteOrder.nativeOrder());
normal_buffer=nbb.asFloatBuffer();
normal_buffer.put(normals);
normal_buffer.position(0);
}     //_part1

//---绘图---
public void draw(GL10 gl){
gl.glEnableClientState(GL10.GL_VERTEX_ARRAY);              //启用顶点坐标数组
gl.glEnableClientState(GL10.GL_NORMAL_ARRAY);              //启用法向量数组

gl.glVertexPointer(3,GL10.GL_FLOAT,0,vertex_buffer);      //顶点坐标指针
gl.glNormalPointer(GL10.GL_FLOAT,0,normal_buffer);        //法向量指针
gl.glDrawArrays(GL10.GL_TRIANGLES,0,vtx_n);              //绘图
}//void draw()

  }
```

## 附录 C.3　_part2 类的源程序

```
package com.example.gl_robot;

import java.nio.ByteBuffer;
import java.nio.ByteOrder;
import java.nio.FloatBuffer;
import java.nio.IntBuffer;

import javax.microedition.khronos.OpenGLes.GL10;
```

```
//---创建 part2 关节和摆杆---
public class _part2 {
private final FloatBuffer vertex_buffer;              //顶点缓冲区
private final FloatBuffer normal_buffer;              //法向量缓冲区
_surface surface=new _surface();                     //加载 surface 类
int vtx_n;                                           //顶点数目

public _part2(){
float[] vertices=new float[GL_CONST.MAX_VERTEX];     //顶点数组
float[] normals=new float[GL_CONST.MAX_VERTEX];      //法向量数组
float[] p0=new float[GL_CONST.VIEW_AXIS];            //顶点位置
float[] p1=new float[GL_CONST.VIEW_AXIS];            //顶点位置
float[] p2=new float[GL_CONST.VIEW_AXIS];            //顶点位置
float[] p3=new float[GL_CONST.VIEW_AXIS];            //顶点位置
float[] normal=new float[GL_CONST.VIEW_AXIS];        //法向量
int i;

vtx_n=0;

//---关节---
float cyl_height=140;                                //高度
float cyl_center[]={cyl_height/2,0,0};               //中心位置
float circle_center[]={0,0,0};                       //顶面中心位置
float radius=70;                                     //半径
int       segm_n=40;                                 //表面三角形分段

//圆柱侧面
surface.cylinder_vertex("u",cyl_center,radius,0,360,-cyl_height,segm_n);
for(i=0;i<surface.vtx_n;i++){
    vertices[i+vtx_n]=surface.vtx_val[i];
    normals[i+vtx_n]=surface.normal_val[i];
    }
vtx_n=vtx_n+surface.vtx_n;

//圆柱顶面
circle_center[0]=cyl_height/2;
surface.circle_vertex("u",circle_center,radius,0,360,segm_n);
for(i=0;i<surface.vtx_n;i++){
    vertices[i+vtx_n]=surface.vtx_val[i];
    normals[i+vtx_n]=surface.normal_val[i];
    }
vtx_n=vtx_n+surface.vtx_n;
```

```
//圆柱底面
circle_center[0]=-cyl_height/2;
surface.circle_vertex("-u",circle_center,radius,0,360,segm_n);
for(i=0;i<surface.vtx_n;i++){
     vertices[i+vtx_n]=surface.vtx_val[i];
     normals[i+vtx_n]=surface.normal_val[i];
     }
vtx_n=vtx_n+surface.vtx_n;


//---摆杆---
float height=ROB_PAR.L2;                          //高度
float width=100;                                  //边长

//摆杆前面
p0[0]=-width/2;p0[1]=0;          p0[2]=width/2;
p1[0]=width;    p1[1]=0;         p1[2]=0;
p2[0]=0;        p2[1]=height;    p2[2]=0;
p3[0]=width;    p3[1]=height;    p3[2]=0;
normal[0]=0;    normal[1]=0;     normal[2]=1;

surface.rect_vertex(p0,p1,p2,p3,normal);
for(i=0;i<surface.vtx_n;i++){
     vertices[i+vtx_n]=surface.vtx_val[i];
     normals[i+vtx_n]=surface.normal_val[i];
     }
vtx_n=vtx_n+surface.vtx_n;


//摆杆背面
p0[2]=-width/2;
normal[0]=0;    normal[1]=0;    normal[2]=-1;
surface.rect_vertex(p0,p1,p2,p3,normal);
for(i=0;i<surface.vtx_n;i++){
     vertices[i+vtx_n]=surface.vtx_val[i];
     normals[i+vtx_n]=surface.normal_val[i];
     }
vtx_n=vtx_n+surface.vtx_n;

//摆杆右面
p0[0]=width/2;p0[1]=0;          p0[2]=width/2;
p1[0]=0;        p1[1]=0;        p1[2]=-width;
p2[0]=0;        p2[1]=height;   p2[2]=0;
```

```
p3[0]=0;        p3[1]=height;        p3[2]=-width;
normal[0]=1;  normal[1]=0;        normal[2]=0;
surface. rect_vertex(p0,p1,p2,p3,normal);
for(i=0;i<surface. vtx_n;i++){
    vertices[i+vtx_n]=surface. vtx_val[i];
    normals[i+vtx_n]=surface. normal_val[i];
    }
vtx_n=vtx_n+surface. vtx_n;

//摆杆左面
p0[0]=-width/2;
normal[0]=-1;  normal[1]=0;  normal[2]=0;

surface. rect_vertex(p0,p1,p2,p3,normal);
for(i=0;i<surface. vtx_n;i++){
    vertices[i+vtx_n]=surface. vtx_val[i];
    normals[i+vtx_n]=surface. normal_val[i];
    }
vtx_n=vtx_n+surface. vtx_n;

//创建顶点缓冲区
ByteBuffer vbb=ByteBuffer. allocateDirect(vertices. length * 4);
vbb. order(ByteOrder. nativeOrder());
vertex_buffer=vbb. asFloatBuffer();
vertex_buffer. put(vertices);
vertex_buffer. position(0);

//创建法向量缓冲区
ByteBuffer nbb=ByteBuffer. allocateDirect(normals. length * 4);
nbb. order(ByteOrder. nativeOrder());
normal_buffer=nbb. asFloatBuffer();
normal_buffer. put(normals);
normal_buffer. position(0);
}    //_part2

//---绘图---
public void draw(GL10 gl){
gl. glEnableClientState(GL10. GL_VERTEX_ARRAY);          //启用顶点坐标数组
gl. glEnableClientState(GL10. GL_NORMAL_ARRAY);          //启用法向量数组

gl. glVertexPointer(3,GL10. GL_FLOAT,0,vertex_buffer);   //顶点坐标指针
gl. glNormalPointer(GL10. GL_FLOAT,0,normal_buffer);     //法向量指针
```

```
gl.glDrawArrays(GL10.GL_TRIANGLES,0,vtx_n);              //绘图
}     //void draw()


}
```

## 附录 C.4  _part3 类的源程序

```
package com.example.gl_robot;

import java.nio.ByteBuffer;
import java.nio.ByteOrder;
import java.nio.FloatBuffer;
import java.nio.IntBuffer;

import javax.microedition.khronos.OpenGLes.GL10;

public class _part3 {
private final FloatBuffer vertex_buffer;                 //顶点缓冲区
private final FloatBuffer normal_buffer;                 //法向量缓冲区
_surface surface=new _surface();                         //加载 surface 类
int vtx_n;                                               //顶点数目

//---创建 part3 关节和摆杆---
public _part3(){
float[] vertices=new float[GL_CONST.MAX_VERTEX];         //顶点数组
float[] normals=new float[GL_CONST.MAX_VERTEX];          //法向量数组

int i;
vtx_n=0;

//---摆杆---
float height_arm=ROB_PAR.L3;                             //长度
float radius_arm=60;                                     //半径
float center[]={0,0,0};                                  //中心位置
int segm_n=30;                                           //表面三角形分段

surface.cylinder_vertex("w",center,radius_arm,0,360,height_arm,segm_n);
for(i=0;i<surface.vtx_n;i++){
    vertices[i+vtx_n]=surface.vtx_val[i];
    normals[i+vtx_n]=surface.normal_val[i];
```

```
        }
vtx_n=vtx_n+surface.vtx_n;

//---关节---
float height_joint=130;                                    //长度
float radius_joint=65;                                     //半径
float center_joint[]={height_joint/2,0,0};                 //中心位置

//关节侧面
surface.cylinder_vertex("u",center_joint,radius_joint,0,360,-height_joint,
segm_n);
for(i=0;i<surface.vtx_n;i++){
     vertices[i+vtx_n]=surface.vtx_val[i];
     normals[i+vtx_n]=surface.normal_val[i];
     }
vtx_n=vtx_n+surface.vtx_n;

//关节顶面
surface.circle_vertex("u",center_joint,radius_joint,0,360,segm_n);
for(i=0;i<surface.vtx_n;i++){
     vertices[i+vtx_n]=surface.vtx_val[i];
     normals[i+vtx_n]=surface.normal_val[i];
     }
vtx_n=vtx_n+surface.vtx_n;

//关节底面
center_joint[0]=-height_joint/2;
surface.circle_vertex("-u",center_joint,radius_joint,0,360,segm_n);
for(i=0;i<surface.vtx_n;i++){
     vertices[i+vtx_n]=surface.vtx_val[i];
     normals[i+vtx_n]=surface.normal_val[i];
     }
vtx_n=vtx_n+surface.vtx_n;

//创建顶点缓冲区
ByteBuffer vbb=ByteBuffer.allocateDirect(vertices.length*4);
vbb.order(ByteOrder.nativeOrder());
vertex_buffer=vbb.asFloatBuffer();
vertex_buffer.put(vertices);
vertex_buffer.position(0);

//创建法向量缓冲区
```

```
ByteBuffer nbb=ByteBuffer.allocateDirect(normals.length*4);
nbb.order(ByteOrder.nativeOrder());
normal_buffer=nbb.asFloatBuffer();
normal_buffer.put(normals);
normal_buffer.position(0);

}

//---绘图---
public void draw(GL10 gl){
gl.glEnableClientState(GL10.GL_VERTEX_ARRAY);            //启用顶点坐标数组
gl.glEnableClientState(GL10.GL_NORMAL_ARRAY);            //启用法向量数组
gl.glVertexPointer(3,GL10.GL_FLOAT,0,vertex_buffer);     //顶点坐标指针
gl.glNormalPointer(GL10.GL_FLOAT,0,normal_buffer);       //法向量指针
gl.glDrawArrays(GL10.GL_TRIANGLES,0,vtx_n);             //绘图
}    //void draw()

}    //_part3
```

## 附录 C.5　_part4 类的源程序

```
package com.example.gl_robot;

import java.nio.ByteBuffer;
import java.nio.ByteOrder;
import java.nio.FloatBuffer;
import java.nio.IntBuffer;

import javax.microedition.khronos.OpenGLes.GL10;

public class _part4 {
private final FloatBuffer vertex_buffer;                 //顶点缓冲区
private final FloatBuffer normal_buffer;                 //法向量缓冲区
_surface surface=new _surface();                         //加载 surface 类
int vtx_n;                                               //顶点数目

//---创建 part4 摆杆---
public _part4(){
float[] vertices=new float[GL_CONST.MAX_VERTEX];         //顶点数组
float[] normals=new float[GL_CONST.MAX_VERTEX];          //法向量数组
```

```
    int i;
    vtx_n=0;

    //---摆杆---
    float height_arm=ROB_PAR.L4;                              //长度
    float radius_arm=50;                                      //半径
    float center[]={0,0,0};                                   //中心位置
    int segm_n=30;                                            //表面三角形分段

    surface.cylinder_vertex("w",center,radius_arm,0,360,height_arm,segm_n);
    for(i=0;i<surface.vtx_n;i++){
        vertices[i+vtx_n]=surface.vtx_val[i];
        normals[i+vtx_n]=surface.normal_val[i];
        }
    vtx_n=vtx_n+surface.vtx_n;

    //创建顶点缓冲区
    ByteBuffer vbb=ByteBuffer.allocateDirect(vertices.length*4);
    vbb.order(ByteOrder.nativeOrder());
    vertex_buffer=vbb.asFloatBuffer();
    vertex_buffer.put(vertices);
    vertex_buffer.position(0);

    //创建法向量缓冲区
    ByteBuffer nbb=ByteBuffer.allocateDirect(normals.length*4);
    nbb.order(ByteOrder.nativeOrder());
    normal_buffer=nbb.asFloatBuffer();
    normal_buffer.put(normals);
    normal_buffer.position(0);

    }

    //---绘图---
    public void draw(GL10 gl){
        gl.glEnableClientState(GL10.GL_VERTEX_ARRAY);         //启用顶点坐标数组
        gl.glEnableClientState(GL10.GL_NORMAL_ARRAY);         //启用法向量数组

        gl.glVertexPointer(3,GL10.GL_FLOAT,0,vertex_buffer);  //顶点坐标指针
        gl.glNormalPointer(GL10.GL_FLOAT,0,normal_buffer);    //法向量指针
        gl.glDrawArrays(GL10.GL_TRIANGLES,0,vtx_n);           //绘图
    }    //void draw()

}    //_part4
```

## 附录 C.6　_part5 类的源程序

```
package com.example.gl_robot;

import java.nio.ByteBuffer;
import java.nio.ByteOrder;
import java.nio.FloatBuffer;
import java.nio.IntBuffer;

import javax.microedition.khronos.OpenGLes.GL10;

public class _part5 {
private final FloatBuffer vertex_buffer;                     //顶点缓冲区
private final FloatBuffer normal_buffer;                     //法向量缓冲区
_surface surface=new _surface();                            //加载 surface 类
int vtx_n;                                                   //顶点数目

//---创建 part5 关节和摆杆---
public _part5(){
float[] vertices=new float[GL_CONST.MAX_VERTEX];            //顶点数组
float[] normals=new float[GL_CONST.MAX_VERTEX];             //法向量数组

int i;
vtx_n=0;

//---摆杆---
float height_arm=ROB_PAR.L5;                                //长度
float radius_arm=40;                                        //半径
float center[]={0,0,0};                                     //中心位置
int segm_n=30;                                              //表面三角形分段

surface.cylinder_vertex("w",center,radius_arm,0,360,height_arm,segm_n);
for(i=0;i<surface.vtx_n;i++){
    vertices[i+vtx_n]=surface.vtx_val[i];
    normals[i+vtx_n]=surface.normal_val[i];
    }
vtx_n=vtx_n+surface.vtx_n;

//---关节---
float height_joint=110;                                     //长度
float radius_joint=55;                                      //半径
float center_joint[]={height_joint/2,0,0};                  //中心位置
```

```
//关节侧面
surface.cylinder_vertex("u",center_joint,radius_joint,0,360,-height_joint,
segm_n);
for(i=0;i<surface.vtx_n;i++){
        vertices[i+vtx_n]=surface.vtx_val[i];
        normals[i+vtx_n]=surface.normal_val[i];
        }
vtx_n=vtx_n+surface.vtx_n;

//关节顶面
surface.circle_vertex("u",center_joint,radius_joint,0,360,segm_n);
for(i=0;i<surface.vtx_n;i++){
        vertices[i+vtx_n]=surface.vtx_val[i];
        normals[i+vtx_n]=surface.normal_val[i];
        }
vtx_n=vtx_n+surface.vtx_n;

//关节底面
center_joint[0]=-height_joint/2;
surface.circle_vertex("-u",center_joint,radius_joint,0,360,segm_n);
for(i=0;i<surface.vtx_n;i++){
        vertices[i+vtx_n]=surface.vtx_val[i];
        normals[i+vtx_n]=surface.normal_val[i];
        }
vtx_n=vtx_n+surface.vtx_n;

//创建顶点缓冲区
ByteBuffer vbb=ByteBuffer.allocateDirect(vertices.length*4);
vbb.order(ByteOrder.nativeOrder());
vertex_buffer=vbb.asFloatBuffer();
vertex_buffer.put(vertices);
vertex_buffer.position(0);

//创建法向量缓冲区
ByteBuffer nbb=ByteBuffer.allocateDirect(normals.length*4);
nbb.order(ByteOrder.nativeOrder());
normal_buffer=nbb.asFloatBuffer();
normal_buffer.put(normals);
normal_buffer.position(0);

        }
```

```
//---绘图---
public void draw(GL10 gl){
    gl.glEnableClientState(GL10.GL_VERTEX_ARRAY);        //启用顶点坐标数组
    gl.glEnableClientState(GL10.GL_NORMAL_ARRAY);        //启用法向量数组
    gl.glVertexPointer(3,GL10.GL_FLOAT,0,vertex_buffer); //顶点坐标指针
    gl.glNormalPointer(GL10.GL_FLOAT,0,normal_buffer);   //法向量指针
    gl.glDrawArrays(GL10.GL_TRIANGLES,0,vtx_n);          //绘图
}    //void draw()

}    //_part5
```

## 附录 C.7　_part6 类的源程序

```
package com.example.gl_robot;

import java.nio.ByteBuffer;
import java.nio.ByteOrder;
import java.nio.FloatBuffer;
import java.nio.IntBuffer;

import javax.microedition.khronos.OpenGLes.GL10;

public class _part6 {
private final FloatBuffer vertex_buffer;          //顶点缓冲区
private final FloatBuffer normal_buffer;          //法向量缓冲区
_surface surface=new _surface();                  //加载 surface 类
int vtx_n;                                        //顶点数目

//---创建 part6 夹持器---
public _part6(){
float[] vertices=new float[GL_CONST.MAX_VERTEX]; //顶点数组
float[] normals=new float[GL_CONST.MAX_VERTEX];  //法向量数组

int i;
vtx_n=0;

//---转盘---
float height_disc=ROB_PAR.L6;                    //长度
float radius_disc=60;                            //半径
float center[]={0,0,0};                          //中心位置
```

```
int segm_n=30;                                              //表面三角形分段

//转盘侧面
surface.cylinder_vertex("w",center,radius_disc,0,360,height_disc,segm_n);
for(i=0;i<surface.vtx_n;i++){
    vertices[i+vtx_n]=surface.vtx_val[i];
    normals[i+vtx_n]=surface.normal_val[i];
    }
vtx_n=vtx_n+surface.vtx_n;

//转盘顶面
surface.circle_vertex("-w",center,radius_disc,0,360,segm_n);
for(i=0;i<surface.vtx_n;i++){
    vertices[i+vtx_n]=surface.vtx_val[i];
    normals[i+vtx_n]=surface.normal_val[i];
    }
vtx_n=vtx_n+surface.vtx_n;

//转盘底面
center[2]=height_disc;
surface.circle_vertex("w",center,radius_disc,0,360,segm_n);
for(i=0;i<surface.vtx_n;i++){
    vertices[i+vtx_n]=surface.vtx_val[i];
    normals[i+vtx_n]=surface.normal_val[i];
    }
vtx_n=vtx_n+surface.vtx_n;

//---卡爪---
float height_clamp=40;                                      //长度
float radius_clamp=30;                                      //半径
float offset=20;                                            //偏心距离

//卡爪1
//卡爪1侧面
center[1]=offset;
center[2]=height_disc;

surface.cylinder_vertex("w",center,radius_clamp,0,180,height_clamp,segm_n);
for(i=0;i<surface.vtx_n;i++){
    vertices[i+vtx_n]=surface.vtx_val[i];
    normals[i+vtx_n]=surface.normal_val[i];
    }
```

```
vtx_n=vtx_n+surface.vtx_n;
```

//卡爪 1 顶面
```
center[2]=height_disc+height_clamp;
surface.circle_vertex("w",center,radius_clamp,0,180,segm_n);
for(i=0;i<surface.vtx_n;i++){
    vertices[i+vtx_n]=surface.vtx_val[i];
    normals[i+vtx_n]=surface.normal_val[i];
    }
vtx_n=vtx_n+surface.vtx_n;
```

//卡爪 2
//卡爪 2 侧面
```
center[1]=-offset;
center[2]=height_disc;
surface.cylinder_vertex("w",center,radius_clamp,180,360,height_clamp,segm_
n);
for(i=0;i<surface.vtx_n;i++){
    vertices[i+vtx_n]=surface.vtx_val[i];
    normals[i+vtx_n]=surface.normal_val[i];
    }
vtx_n=vtx_n+surface.vtx_n;
```

//卡爪 2 顶面
```
center[2]=height_disc+height_clamp;
surface.circle_vertex("w",center,radius_clamp,180,360,segm_n);
for(i=0;i<surface.vtx_n;i++){
    vertices[i+vtx_n]=surface.vtx_val[i];
    normals[i+vtx_n]=surface.normal_val[i];
    }
vtx_n=vtx_n+surface.vtx_n;
```

//创建顶点缓冲区
```
ByteBuffer vbb=ByteBuffer.allocateDirect(vertices.length*4);
vbb.order(ByteOrder.nativeOrder());
vertex_buffer=vbb.asFloatBuffer();
vertex_buffer.put(vertices);
vertex_buffer.position(0);
```

//创建法向量缓冲区
```
ByteBuffer nbb=ByteBuffer.allocateDirect(normals.length*4);
nbb.order(ByteOrder.nativeOrder());
```

```
normal_buffer=nbb.asFloatBuffer();
normal_buffer.put(normals);
normal_buffer.position(0);

}

//---绘图---
public void draw(GL10 gl){
gl.glEnableClientState(GL10.GL_VERTEX_ARRAY);          //启用顶点坐标数组
gl.glEnableClientState(GL10.GL_NORMAL_ARRAY);          //启用法向量数组

gl.glVertexPointer(3,GL10.GL_FLOAT,0,vertex_buffer);   //顶点坐标指针
gl.glNormalPointer(GL10.GL_FLOAT,0,normal_buffer);     //法向量指针
gl.glDrawArrays(GL10.GL_TRIANGLES,0,vtx_n);            //绘图
}    //void draw()

}    //_part6
```

# 附录 D  activity_main.xml 的源程序

## 附录 D.1  activity_main.xml 的源程序 1

```
<LinearLayout xmlns:android="http://schemas.android.com/apk/res/android"
    xmlns:tools="http://schemas.android.com/tools"
    android:id="@+id/act_main"
    android:layout_width="match_parent"
    android:layout_height="match_parent"
    android:orientation="vertical"
    tools:context=".MainActivity">
        <requestFocus/>
</LinearLayout>
```

## 附录 D.2  activity_main.xml 的源程序 2

```
<LinearLayout xmlns:android="http://schemas.android.com/apk/res/android"
    xmlns:tools="http://schemas.android.com/tools"
    android:id="@+id/act_main"
    android:layout_width="match_parent"
    android:layout_height="match_parent"
```

```
android:orientation="vertical"
tools:context=".MainActivity">
    <requestFocus/>

    <LinearLayout
        android:layout_width="match_parent"
        android:layout_height="wrap_content">

        <Button
        android:id="@+id/button_a0"
        style="?android:attr/buttonStyleSmall"
        android:layout_width="wrap_content"
        android:layout_height="wrap_content"
        android:text="A0"/>

    <Button
        android:id="@+id/button_a1"
        style="?android:attr/buttonStyleSmall"
        android:layout_width="wrap_content"
        android:layout_height="wrap_content"
        android:text="A1"/>

    <Button
        android:id="@+id/button_a2"
        style="?android:attr/buttonStyleSmall"
        android:layout_width="wrap_content"
        android:layout_height="wrap_content"
        android:text="A2"/>

    <Button
        android:id="@+id/button_a3"
        style="?android:attr/buttonStyleSmall"
        android:layout_width="wrap_content"
        android:layout_height="wrap_content"
        android:text="A3"/>

    <Button
        android:id="@+id/button_a4"
        style="?android:attr/buttonStyleSmall"
        android:layout_width="wrap_content"
        android:layout_height="wrap_content"
        android:text="A4"/>
```

```xml
<Button
    android:id="@+id/button_a5"
    style="? android:attr/buttonStyleSmall"
    android:layout_width="wrap_content"
    android:layout_height="wrap_content"
    android:text="A5"/>

<Button
    android:id="@+id/button_move_minus"
    style="? android:attr/buttonStyleSmall"
    android:layout_width="wrap_content"
    android:layout_height="wrap_content"
    android:text="move -"/>

<Button
    android:id="@+id/button_move_plus"
    style="? android:attr/buttonStyleSmall"
    android:layout_width="wrap_content"
    android:layout_height="wrap_content"
    android:text="move+"/>

<Button
    android:id="@+id/button_move_stop"
    style="? android:attr/buttonStyleSmall"
    android:layout_width="wrap_content"
    android:layout_height="wrap_content"
    android:text="stop"/>

<Button
    android:id="@+id/button_f_minus"
    style="? android:attr/buttonStyleSmall"
    android:layout_width="wrap_content"
    android:layout_height="wrap_content"
    android:text="F%-"/>

<Button
    android:id="@+id/button_f_plus"
    style="? android:attr/buttonStyleSmall"
    android:layout_width="wrap_content"
    android:layout_height="wrap_content"
    android:text="F%+"/>
```

```
    </LinearLayout>

    <TextView
        android:id="@+id/textView1"
        android:layout_width="wrap_content"
        android:layout_height="wrap_content"
        android:text="Small Text"
        android:textAppearance="? android:attr/textAppearanceSmall"/>

</LinearLayout>
```

# 附录 E　渲染器接口 viewRenderer 及其 onDrawFrame( )方法的源程序

## 附录 E.1　渲染器接口 viewRenderer 的源程序 1

```
package com.example.gl_robot;

import javax.microedition.khronos.egl.EGLConfig;
import javax.microedition.khronos.OpenGLes.GL10;
import android.OpenGL.GLU;
import android.OpenGL.GLSurfaceView.Renderer;

public class viewRenderer implements Renderer {
//------
@Override
public void onDrawFrame(GL10 gl){
        //TODO Auto-generated method stub
        }

//------
@Override
public void onSurfaceChanged(GL10 gl,int width,int height){
        //TODO Auto-generated method stub
        }

//------
@Override
public void onSurfaceCreated(GL10 gl,EGLConfig config){
```

```
        //TODO Auto-generated method stub
    }
}
```

## 附录 E.2　渲染器接口 viewRenderer 的源程序 2

```java
package com.example.gl_robot;

import javax.microedition.khronos.egl.EGLConfig;
import javax.microedition.khronos.OpenGLes.GL10;
import android.OpenGL.GLU;
import android.OpenGL.GLSurfaceView.Renderer;

public class viewRenderer implements Renderer {
private _part0 part0 =new _part0 ();

//------
@Override
public void onDrawFrame(GL10 gl) {
        //TODO Auto-generated method stub
        gl.glClear(GL10.GL_COLOR_BUFFER_BIT|GL10.GL_DEPTH_BUFFER_BIT);
        gl.glMatrixMode(GL10.GL_MODELVIEW);
        gl.glLoadIdentity();
         //GLU.gluLookAt(gl,eyeX,eyeY,eyeZ,centerX,centerY,centerZ,upX,upY,
upZ);
        GLU.gluLookAt(gl,10,8,10,0,0,0,0,1,0f);
        gl.glColor4f(0.70f,0.70f,0.70f,1.0f);
        part0.draw(gl);
    }

//------
@Override
public void onSurfaceChanged(GL10 gl,int width,int height){
        //TODO Auto-generated method stub
        gl.glViewport(0,0,width,height);
        float ratio=width/height;
        gl.glMatrixMode(GL10.GL_PROJECTION);
        gl.glLoadIdentity();
        //gl.glOrthof(left,right,bottom,top,zNear,zFar);
        gl.glOrthof(-ratio,ratio ,-1,1,10,100);
    }
```

```
//------
@Override
public void onSurfaceCreated(GL10 gl,EGLConfig config){
        //TODO Auto-generated method stub
        //背景颜色
        gl.glClearColor(0.7f,0.9f,0.9f,1.0f);

        //视图效果
        gl.glEnable(GL10.GL_DEPTH_TEST);

        //光照效果
        float lightAmbient[]=new float[]{0.2f,0.2f,0.2f,1};
        float lightDirect[]=new float[] {0.6f,1f,0f,0.3f};
        gl.glEnable(GL10.GL_LIGHTING);
        gl.glEnable(GL10.GL_LIGHT0);
        gl.glLightfv(GL10.GL_LIGHT0,GL10.GL_AMBIENT,lightAmbient,0);
        gl.glLightfv(GL10.GL_LIGHT0,GL10.GL_POSITION,lightDirect,0);
        gl.glEnable(GL10.GL_COLOR_MATERIAL);
        }

    }
```

## 附录 E.3　渲染器接口 viewRenderer 及其 onDrawFrame( )方法的源程序 1

```
public class viewRenderer implements Renderer {
//加载 part0
private _part0 part0=new _part0();
//加载 part1
private _part1 part1=new _part1();
//加载 part2
private _part2 part2=new _part2();
//加载 part3
private _part3 part3=new _part3();
//加载 part4
private _part4 part4=new _part4();
//加载 part5
private _part5 part5=new _part5();
//加载 part6
private _part part6=new _part6();
```

```
//------
@Override
public void onDrawFrame(GL10 gl){
//TODO Auto-generated method stub
//清除颜色和深度缓存
gl.glClear(GL10.GL_COLOR_BUFFER_BIT | GL10.GL_DEPTH_BUFFER_BIT);
//初始化矩阵模式
gl.glMatrixMode(GL10.GL_MODELVIEW);
//初始化矩阵
gl.glLoadIdentity();
//设置视图方向
//GLU.gluLookAt(gl,eyeX,eyeY,eyeZ,centerX,centerY,centerZ,upX,upY,upZ);
GLU.gluLookAt(gl,10,8,10,0,0,0,0,1,0f);
//设置绘图颜色
gl.glColor4f(0.70f,0.70f,0.70f,1.0f);

//part0 绘图
part0.draw(gl);

//part1 绘图
part1.draw(gl);

//平移 part2
gl.glTranslatef(0,ROB_PAR.L1 * GL_CONST.MM_TO_GL_UNIT,
            ROB_PAR.PART1_shift_w * GL_CONST.MM_TO_GL_UNIT);
//part2 绘图
part2.draw(gl);

//平移 part3
gl.glTranslatef(0,ROB_PAR.L2 * GL_CONST.MM_TO_GL_UNIT,0);
//part3 绘图
part3.draw(gl);

//平移 part4
gl.glTranslatef(0,0,ROB_PAR.L3 * GL_CONST.MM_TO_GL_UNIT);
//part4 绘图
part4.draw(gl);

//平移 part5
gl.glTranslatef(0,0,ROB_PAR.L4 * GL_CONST.MM_TO_GL_UNIT);
//part5 绘图
```

```
part5.draw(gl);

//平移 part6
gl.glTranslatef(0,0,ROB_PAR.L5 * GL_CONST.MM_TO_GL_UNIT);
//part6 绘图
part6.draw(gl);


}//onDrawFrame(GL10 gl)
}
```

## 附录 E.4　渲染器接口 viewRenderer 中 onDrawFrame( )方法的源程序 2

```
package com.example.gl_robot;

import javax.microedition.khronos.egl.EGLConfig;

import javax.microedition.khronos.OpenGLes.GL10;
import android.OpenGL.GLU;
import android.OpenGL.GLSurfaceView.Renderer;

public class viewRenderer implements Renderer {
//加载 part0
private _part0 part0=new _part0();

//加载 part1
private _part1 part1=new _part1();

//加载 part2
private _part2 part2=new _part2();

//加载 part3
private _part3 part3=new _part3();

//加载 part4
private _part4 part4=new _part4();

//加载 part5
private _part5 part5=new _part5();

//加载 part6
private _part6 part6=new _part6();
```

```
//------
@Override
public void onDrawFrame(GL10 gl){
//TODO Auto-generated method stub
//清除颜色和深度缓存
gl.glClear(GL10.GL_COLOR_BUFFER_BIT | GL10.GL_DEPTH_BUFFER_BIT);
//初始化矩阵模式
gl.glMatrixMode(GL10.GL_MODELVIEW);
//初始化矩阵
gl.glLoadIdentity();
//设置视图方向
//GLU.gluLookAt(gl,eyeX,eyeY,eyeZ,centerX,centerY,centerZ,upX,upY,upZ);
GLU.gluLookAt(gl,10,8,10,0,0,0,0,1,0f);
//设置绘图颜色
gl.glColor4f(0.70f,0.70f,0.70f,1.0f);


//part0 绘图
gl.glTranslatef(0,-400 * GL_CONST.MM_TO_GL_UNIT,0);
part0.draw(gl);



//转台旋转 A0
//gl.glRotatef(angle,u,v,w);
gl.glRotatef(JOINT.A[0],0f,1f,0f);
//part1 绘图
part1.draw(gl);



//平移 part2
gl.glTranslatef(0,ROB_PAR.L1 * GL_CONST.MM_TO_GL_UNIT,
            ROB_PAR.PART1_shift_w * GL_CONST.MM_TO_GL_UNIT);
//关节旋转 A1
//gl.glRotatef(angle,u,v,w);
gl.glRotatef(JOINT.A[1],1f,0f,0f);
//part2 绘图
part2.draw(gl);



//平移 part3
gl.glTranslatef(0,ROB_PAR.L2 * GL_CONST.MM_TO_GL_UNIT,0);
//关节旋转 A2
//gl.glRotatef(angle,u,v,w);
```

```
gl.glRotatef(JOINT.A[2],1f,0f,0f);
//part3 绘图
part3.draw(gl);


//平移 part4
gl.glTranslatef(0,0,ROB_PAR.L3*GL_CONST.MM_TO_GL_UNIT);
//关节旋转 A3
//gl.glRotatef(angle,u,v,w);
gl.glRotatef(JOINT.A[3],0f,0f,1f);
//part4 绘图
part4.draw(gl);


//平移 part5
gl.glTranslatef(0,0,ROB_PAR.L4*GL_CONST.MM_TO_GL_UNIT);
//关节旋转 A4
//gl.glRotatef(angle,u,v,w);
gl.glRotatef(JOINT.A[4],1f,0f,0f);
//part5 绘图
part5.draw(gl);


//平移 part6
gl.glTranslatef(0,0,ROB_PAR.L5*GL_CONST.MM_TO_GL_UNIT);
//关节旋转 A5
//gl.glRotatef(angle,u,v,w);
gl.glRotatef(JOINT.A[5],0f,0f,1f);
//part5 绘图
part6.draw(gl);


}    //onDrawFrame(GL10 gl)

//------
@Override
public void onSurfaceChanged(GL10 gl,int width,int height){
//TODO Auto-generated method stub
//视窗范围
gl.glViewport(0,0,width,height);
//视窗比例
float ratio=width/height;
```

```
//投影矩阵模式
gl.glMatrixMode(GL10.GL_PROJECTION);
//初始化矩阵
gl.glLoadIdentity();
//设置视点
//gl.glOrthof(left,right,bottom,top,zNear,zFar);
gl.glOrthof(-ratio,ratio ,-1,1,10,100);
}


//------
@Override
public void onSurfaceCreated(GL10 gl,EGLConfig config){
//TODO Auto-generated method stub
//背景颜色
gl.glClearColor(0.7f,0.9f,0.9f,1.0f);
gl.glClearColor(1f,1f,1f,1.0f);

//启用深度测试
gl.glEnable(GL10.GL_DEPTH_TEST);

//光照效果
//设定环境光光照效果
float lightAmbient[]=new float[]{0.2f,0.2f,0.2f,1};
//设定方向光光照效果
float lightDerect[]=new float[] {0.6f,1f,0f,0.3f};
//启用光源光照效果
gl.glEnable(GL10.GL_LIGHTING);
//启用光源 0 光照效果
gl.glEnable(GL10.GL_LIGHT0);
//启用环境光光照效果
gl.glLightfv(GL10.GL_LIGHT0,GL10.GL_AMBIENT,lightAmbient,0);
//gl.glLightfv(GL10.GL_LIGHT0,GL10.GL_DIFFUSE,lightDiffuse,0);
//启用光照方向光照效果
gl.glLightfv(GL10.GL_LIGHT0,GL10.GL_POSITION,lightDerect,0);
//启用材料颜色光照效果
gl.glEnable(GL10.GL_COLOR_MATERIAL);
}


}
```

## 附录 F　视图类 MyGLView 的源程序

```
package com.example.gl_robot;
import android.content.Context;
import android.OpenGL.GLSurfaceView;

public class MyGLView extends GLSurfaceView{
  public MyGLView(Context context){
    super(context);
    //TODO Auto-generated constructor stub
    viewRenderer renderer;
    renderer=new viewRenderer();                  //创建渲染器接口
    this.setRenderer(renderer);                   //设置渲染器接口
    this.setRenderMode(RENDERMODE_CONTINUOUSLY);  //设置连续渲染模式
  }
}
```

## 附录 G　gl_robot 的 MainActivity 的源程序

### 附录 G.1　MainActivity 的源程序 1

```
package com.example.gl_robot;

import android.os.Bundle;
import android.app.Activity;
import android.view.Menu;
import android.widget.LinearLayout;

public class MainActivity extends Activity {
MyGLView mGLView;
@Override
protected void onCreate(Bundle savedInstanceState){
        super.onCreate(savedInstanceState);
        //创建主界面
        setContentView(R.layout.activity_main);
        //创建 OpenGL 视窗
        mGLView=new MyGLView(this);
        //视窗为线性布局
```

```
        LinearLayout view_x=(LinearLayout)this.findViewById(R.id.act_main);
        //添加 OpenGL 视窗
        view_x.addView(mGLView);
        }


@Override
public boolean onCreateOptionsMenu(Menu menu){
        //Inflate the menu;this adds items to the action bar if it is present.
        getMenuInflater().inflate(R.menu.activity_main,menu);
        return true;
        }
}
```

## 附录 G. 2    MainActivity 的源程序 2

```
package com.example.gl_robot;

import java.text.DecimalFormat;

import java.util.Timer;
import java.util.TimerTask;

import android.os.Bundle;
import android.os.Handler;
import android.os.Message;
import android.app.Activity;
import android.graphics.Color;
import android.view.Menu;
import android.view.View;
import android.widget.Button;
import android.widget.EditText;
import android.widget.LinearLayout;
import android.widget.TextView;

public class MainActivity extends Activity {
//---主程序变量---
MyGLView mGLView;                                        //OpenGL 视窗类
int[] move_axis=new int[ROB_PAR.MAX_AXIS];               //运动轴选择标识
int move=0;                                              //运动命令变量
int feed_select=100;                                     //调速
float max_speed=900;                                    //最大运动速度(度/分)
```

```
float[] joint_pos=new float[ROB_PAR.MAX_AXIS];        //关节位置变量
int timer=0;                                          //定时器计数
public Timer mTimer=new Timer();                      //定时器计数方法
int cycle_time=50;                                    //控制周期为50ms


@Override
protected void onCreate(Bundle savedInstanceState){
  super.onCreate(savedInstanceState);
  //---创建主界面---
  setContentView(R.layout.activity_main);
  //创建 OpenGL 视窗
  mGLView=new MyGLView(this);
  //视窗为线性布局
  LinearLayout view_x=(LinearLayout)this.findViewById(R.id.act_main);
  //添加 OpenGL 视窗
  view_x.addView(mGLView);

  //---获取操作界面的按钮 A0~A5,并添加其监听
  //获取按钮 A0
  Button bt_a0=(Button)findViewById(R.id.button_a0);
  //添加按钮的 A0 监听
  bt_a0.setOnClickListener(bt_a0_click);

  //获取按钮 A1
  Button bt_a1=(Button)findViewById(R.id.button_a1);
  //添加按钮的 A1 监听
  bt_a1.setOnClickListener(bt_a1_click);

  //获取按钮 A2
  Button bt_a2=(Button)findViewById(R.id.button_a2);
  //添加按钮 A2 的监听
  bt_a2.setOnClickListener(bt_a2_click);

  //获取按钮 A3
  Button bt_a3=(Button)findViewById(R.id.button_a3);
  //添加按钮 A3 的监听
  bt_a3.setOnClickListener(bt_a3_click);

  //获取按钮 A4
  Button bt_a4=(Button)findViewById(R.id.button_a4);
  //添加按钮 A4 的监听
```

```
bt_a4.setOnClickListener(bt_a4_click);

//获取按钮 A5
Button bt_a5=(Button)findViewById(R.id.button_a5);
//添加按钮 A5 的监听
bt_a5.setOnClickListener(bt_a5_click);

//---获取操作界面的按钮 move+、move-、move_stop 并添加其监听---
//获取按钮 move+
Button bt_move_plus=(Button)findViewById(R.id.button_move_plus);
//添加按钮 move+的监听
bt_move_plus.setOnClickListener(bt_move_plus_click);

//获取按钮 move-
Button bt_move_minus=(Button)findViewById(R.id.button_move_minus);
//添加按钮 move-的监听
bt_move_minus.setOnClickListener(bt_move_minus_click);

//获取按钮 move_stop
Button bt_move_stop=(Button)findViewById(R.id.button_move_stop);
//添加按钮 move_stop 的监听
bt_move_stop.setOnClickListener(bt_move_stop_click);

//---获取操作界面的按钮 F%+、F%-并添加其监听---
//获取按钮 F%+
Button bt_f_plus=(Button)findViewById(R.id.button_f_plus);
//添加按钮 F%+的监听
bt_f_plus.setOnClickListener(bt_f_plus_click);

//获取按钮 F%-
Button bt_f_minus=(Button)findViewById(R.id.button_f_minus);
//添加按钮 F%-的监听
bt_f_minus.setOnClickListener(bt_f_minus_click);

//测试关节位置和运动速度的显示
view_joint_pos();

//启动定时器
timerTask(cycle_time);


}    //onCreate()
```

```
//---
@Override
public boolean onCreateOptionsMenu(Menu menu){
    //Inflate the menu;this adds items to the action bar if it is present.
    getMenuInflater().inflate(R.menu.activity_main,menu);
    return true;
    }

//---按钮 A0~A5 的响应和处理---
//---按钮 A0---
Button.OnClickListener bt_a0_click=new Button.OnClickListener(){
@Override
public void onClick(View v){
Button bt_a0=(Button)findViewById(R.id.button_a0);

if(move_axis[0]==0){
    move_axis[0]=1;                              //选择
    bt_a0.setBackgroundColor(Color.GREEN);       //按钮变绿色
    }
else{
    move_axis[0]=0;                              //解除选择
    bt_a0.setBackgroundColor(Color.LTGRAY);      //按钮变灰色
    }

}//onClick(View v)
};//Button.OnClickListener bt_a0_click

//---按钮 A1---
Button.OnClickListener bt_a1_click=new Button.OnClickListener(){
@Override
public void onClick(View v){
Button bt_a1=(Button)findViewById(R.id.button_a1);

if(move_axis[1]==0){
    move_axis[1]=1;                              //选择
    bt_a1.setBackgroundColor(Color.GREEN);       //按钮变绿色
    }
else{
    move_axis[1]=0;                              //解除选择
    bt_a1.setBackgroundColor(Color.LTGRAY);      //按钮变灰色
    }
```

```
}    //onClick(View v)
};    //Button.OnClickListener bt_a1_click

//---按钮 A2---
Button.OnClickListener bt_a2_click=new Button.OnClickListener(){
@Override
public void onClick(View v){
Button bt_a2=(Button)findViewById(R.id.button_a2);

if(move_axis[2]==0){
    move_axis[2]=1;                                 //选择
    bt_a2.setBackgroundColor(Color.GREEN);          //按钮变绿色
    }
else{
    move_axis[2]=0;                                 //解除选择
    bt_a2.setBackgroundColor(Color.LTGRAY);         //按钮变灰色
    }

}    //onClick(View v)
};    //Button.OnClickListener bt_a2_click

//---按钮 A3---
Button.OnClickListener bt_a3_click=new Button.OnClickListener(){
@Override
public void onClick(View v){
Button bt_a3=(Button)findViewById(R.id.button_a3);

if(move_axis[3]==0){
    move_axis[3]=1;                                 //选择
    bt_a3.setBackgroundColor(Color.GREEN);          //按钮变绿色
    }
else{
    move_axis[3]=0;                                 //解除选择
    bt_a3.setBackgroundColor(Color.LTGRAY);         //按钮变灰色
    }

}    //onClick(View v)
};  //Button.OnClickListener bt_a3_click

//---按钮 A4---
Button.OnClickListener bt_a4_click=new Button.OnClickListener(){
@Override
```

```
public void onClick(View v){
Button bt_a4=(Button)findViewById(R.id.button_a4);

if(move_axis[4]==0){
    move_axis[4]=1;                                    //选择
    bt_a4.setBackgroundColor(Color.GREEN);             //按钮变绿色
    }
else{
    move_axis[4]=0;                                    //解除选择
    bt_a4.setBackgroundColor(Color.LTGRAY);            //按钮变灰色
    }

}    //onClick(View v)
};    //Button.OnClickListener bt_a4_click

//---按钮 A5---
Button.OnClickListener bt_a5_click=new Button.OnClickListener(){
@Override
public void onClick(View v){
Button bt_a5=(Button)findViewById(R.id.button_a5);

if(move_axis[5]==0){
    move_axis[5]=1;                                    //选择
    bt_a5.setBackgroundColor(Color.GREEN);             //按钮变绿色
    }
else{
    move_axis[5]=0;                                    //解除选择
    bt_a5.setBackgroundColor(Color.LTGRAY);            //按钮变灰色
    }

}    //onClick(View v)
};    //Button.OnClickListener bt_a5_click

//---按钮 move+、move-、move_stop 的响应和处理---
//按钮 move+
Button.OnClickListener bt_move_plus_click=new Button.OnClickListener(){
@Override
public void onClick(View v){
Button bt_move_plus=(Button)findViewById(R.id.button_move_plus);
Button bt_move_minus=(Button)findViewById(R.id.button_move_minus);

move=1;                                                //做正方向运动
```

**167**

```
bt_move_plus.setBackgroundColor(Color.GREEN);          //move+按钮变绿色
bt_move_minus.setBackgroundColor(Color.LTGRAY);        //move-按钮变灰色


}      //onClick(View v)
};      //Button.OnClickListener bt_move_plus_click


//按钮 move-
Button.OnClickListener bt_move_minus_click=new Button.OnClickListener(){
@Override
public void onClick(View v){
Button bt_move_minus=(Button)findViewById(R.id.button_move_minus);
Button bt_move_plus=(Button)findViewById(R.id.button_move_plus);

move=-1;                                                //做负方向运动
bt_move_minus.setBackgroundColor(Color.GREEN);         //move-按钮变绿色
bt_move_plus.setBackgroundColor(Color.LTGRAY);         //move+按钮变灰色


}      //onClick(View v)
};      //Button.OnClickListener bt_move_minus_click


//按钮 move_stop
Button.OnClickListener bt_move_stop_click=new Button.OnClickListener(){
@Override
public void onClick(View v){
Button bt_move_minus=(Button)findViewById(R.id.button_move_minus);
Button bt_move_plus=(Button)findViewById(R.id.button_move_plus);

move=0;                                                 //运动停止
bt_move_minus.setBackgroundColor(Color.LTGRAY);        //move+按钮变灰色
bt_move_plus.setBackgroundColor(Color.LTGRAY);         //move-按钮变灰色


}      //onClick(View v)
};      //Button.OnClickListener bt_move_stop_click

//---按钮 F%+、F%-的响应和处理---
//按钮 F%+
Button.OnClickListener bt_f_plus_click=new Button.OnClickListener(){
@Override
public void onClick(View v){
if(feed_select<200)feed_select=feed_select+20;
}      //onClick(View v)
};    //Button.OnClickListener bt_f_plus_click
```

```
//按钮 F%-
Button.OnClickListener bt_f_minus_click=new Button.OnClickListener(){
@Override
public void onClick(View v){
if(feed_select>0)feed_select=feed_select-20;

}    //onClick(View v)
};    //Button.OnClickListener bt_f_minus_click


//---显示关节位置和运动速度---
private void view_joint_pos(){
String str="";
int i;


//定义位置变量的数字显示格式
DecimalFormat df=new DecimalFormat();
String style="#000.00";
df.applyPattern(style);


//获取显示控件
TextView view=(TextView)findViewById(R.id.textView1);


//关节位置的显示
for(i=0;i<ROB_PAR.MAX_AXIS;i++){
  //A0~A5 显示
  str=str+"  A"+Integer.toString(i)+":";
  str=str+df.format(joint_pos[i]);
}    //for(i=0;i<ROB_PAR.MAX_AXIS;i++)


//速度 F%的显示
str=str+"  F%:"+Integer.toString(feed_select);


//定时器计数 timer 的显示
str=str+"  timer:"+Integer.toString(timer);


//显示
view.setText(str);


}    //view_joint_pos()


//---定时器任务---
```

```
private void timerTask(int i){
mTimer.schedule(new TimerTask(){
@Override
public void run(){

Message message=  new Message();
message.what=1;
handler.sendMessage(message);
}    //run()
},i,i);    //mTimer.schedule(new TimerTask()
}    //timerTask(int i)

//---定时器消息队列---
Handler handler   =new Handler(){
public void handleMessage(Message msg){
int i;

switch(msg.what){
  case 1:
    for(i=0;i<ROB_PAR.MAX_AXIS;i++){
      //关节位置的计算
      joint_pos[i]=joint_pos[i]+max_speed/60 * cycle_time/1000
        * move_axis[i] * (float)move * (float)feed_select/100;

      //为 OpenGL 提供关节位置
      JOINT.A[i]=joint_pos[i];
      }
    //定时器计数
    timer++;
    //位置、速度、定时器的显示
    view_joint_pos();

  }    //switch(msg.what)
}    //handleMessage(Message msg)
};    //Handler handler   =new Handler()


}
```

# 附录 H   gl_robot_cl 的 MainActivity 源程序

```
package com.example.gl_robot_cl;
```

```java
import java.text.DecimalFormat;
import java.util.Timer;
import java.util.TimerTask;

import android.os.Bundle;
import android.os.Handler;
import android.os.Message;
import android.app.Activity;
import android.graphics.Color;
import android.view.Menu;
import android.view.View;
import android.widget.Button;
import android.widget.EditText;
import android.widget.LinearLayout;
import android.widget.TextView;

public class MainActivity extends Activity {
//---主程序变量---
MyGLView mGLView;                                        //OpenGL 视窗
int[] move_axis=new int[ROB_PAR.MAX_AXIS];               //运动轴选择标志
int   move=0;                                            //运动命令
int   feed_select=100;                                   //调速 F%
float max_speed=900;                                     //最大运动速度（度/分）
float[] joint_pos=new float[ROB_PAR.MAX_AXIS];           //关节位置
int timer=0;                                             //定时器计数
public  Timer mTimer=new Timer();                        //定时器
int   cycle_time=50;                                     //控制周期 50ms
float[] pt_pos=new float[ROB_PAR.MAX_AXIS];              //圆柱坐标系位置

@Override
protected void onCreate(Bundle savedInstanceState){
  super.onCreate(savedInstanceState);
  //---创建主界面---
  setContentView(R.layout.activity_main);
  //创建 openGL 视窗
  mGLView=new MyGLView(this);
  //视窗为线性布局
  LinearLayout view_x=(LinearLayout)this.findViewById(R.id.act_main);
  //添加 OpenGL 视窗
  view_x.addView(mGLView);
```

```
//---获取界面布局的按钮和添加监听 A0~A5---
//获取按钮 A0
Button bt_a0 = (Button) findViewById(R.id.button_a0);
//添加按钮监听 A0
bt_a0.setOnClickListener(bt_a0_click);


//获取按钮 A1
Button bt_a1 = (Button) findViewById(R.id.button_a1);
//添加按钮监听 A1
bt_a1.setOnClickListener(bt_a1_click);


//获取按钮 A2
Button bt_a2 = (Button) findViewById(R.id.button_a2);
//添加按钮监听 A2
bt_a2.setOnClickListener(bt_a2_click);


//获取按钮 A3
Button bt_a3 = (Button) findViewById(R.id.button_a3);
//添加按钮监听 A3
bt_a3.setOnClickListener(bt_a3_click);


//获取按钮 A4
Button bt_a4 = (Button) findViewById(R.id.button_a4);
//添加按钮监听 A4
bt_a4.setOnClickListener(bt_a4_click);


//获取按钮 A5
Button bt_a5 = (Button) findViewById(R.id.button_a5);
//添加按钮监听 A5
bt_a5.setOnClickListener(bt_a5_click);


//---获取界面布局的按钮和添加监听 move+,move-,move_stop---
//获取按钮 move+
Button bt_move_plus = (Button) findViewById(R.id.button_move_plus);
//添加按钮监听 move+
bt_move_plus.setOnClickListener(bt_move_plus_click);


//获取按钮 move-
Button bt_move_minus = (Button) findViewById(R.id.button_move_minus);
//添加按钮监听 move-
bt_move_minus.setOnClickListener(bt_move_minus_click);
```

```
    //获取按钮 move_stop
    Button bt_move_stop=(Button)findViewById(R.id.button_move_stop);
    //添加按钮监听 move_stop
    bt_move_stop.setOnClickListener(bt_move_stop_click);

    //---获取界面布局的按钮和添加监听 F%+，F%----
    //获取按钮 F%+
    Button bt_f_plus=(Button)findViewById(R.id.button_f_plus);
    //添加按钮监听 F%+
    bt_f_plus.setOnClickListener(bt_f_plus_click);

    //获取按钮 F%-
    Button bt_f_minus=(Button)findViewById(R.id.button_f_minus);
    //添加按钮监听 F%-
    bt_f_minus.setOnClickListener(bt_f_minus_click);

    //测试关节位置和运动速度显示
    view_joint_pos();

    //启动定时器
    timerTask(cycle_time);

    //计算圆柱坐标系的位置初值
    pt_pos[0]=0;                                             //a0
    pt_pos[1]=ROB_PAR.PART1_shift_w+ROB_PAR.L3+ROB_PAR.L4
              +ROB_PAR.L5+ROB_PAR.L6+ROB_PAR.LT;            //R
    pt_pos[2]=ROB_PAR.L1+ROB_PAR.L2;                        //Z
    pt_pos[3]=0;                                            //a3
    pt_pos[4]=0;                                            //B
    pt_pos[5]=0;                                            //a5

    }//onCreate()

//------
@Override
public boolean onCreateOptionsMenu(Menu menu){
    //Inflate the menu;this adds items to the action bar if it is present.
    getMenuInflater().inflate(R.menu.activity_main,menu);
    return true;
    }

//---按钮响应和处理 A0~A5---
```

```
//按钮 A0
Button.OnClickListener bt_a0_click=new Button.OnClickListener(){
@Override
public void onClick(View v){
Button bt_a0=(Button)findViewById(R.id.button_a0);

if(move_axis[0]==0){
    move_axis[0]=1;                              //选择
    bt_a0.setBackgroundColor(Color.GREEN);       //按钮变绿色
    }
else{
    move_axis[0]=0;                              //解除选择
    bt_a0.setBackgroundColor(Color.LTGRAY);      //按钮变灰色
    }

}//onClick(View v)
};//Button.OnClickListener bt_a0_click

//按钮 A1
Button.OnClickListener bt_a1_click=new Button.OnClickListener(){
@Override
public void onClick(View v){
Button bt_a1=(Button)findViewById(R.id.button_a1);

if(move_axis[1]==0){
    move_axis[1]=1;                              //选择
    bt_a1.setBackgroundColor(Color.GREEN);       //按钮变绿色
    }
else{
    move_axis[1]=0;                              //解除选择
    bt_a1.setBackgroundColor(Color.LTGRAY);      //按钮变灰色
    }

}//onClick(View v)
};//Button.OnClickListener bt_a1_click

//按钮 A2
Button.OnClickListener bt_a2_click=new Button.OnClickListener(){
@Override
public void onClick(View v){
Button bt_a2=(Button)findViewById(R.id.button_a2);
```

```
    if(move_axis[2]==0){
        move_axis[2]=1;                                    //选择
        bt_a2.setBackgroundColor(Color.GREEN);             //按钮变绿色
        }
    else{
        move_axis[2]=0;                                    //解除选择
        bt_a2.setBackgroundColor(Color.LTGRAY);            //按钮变灰色
        }


}//onClick(View v)
};//Button.OnClickListener bt_a2_click


//按钮 A3
Button.OnClickListener bt_a3_click=new Button.OnClickListener(){
@Override
public void onClick(View v){
Button bt_a3=(Button)findViewById(R.id.button_a3);

if(move_axis[3]==0){
    move_axis[3]=1;                                        //选择
    bt_a3.setBackgroundColor(Color.GREEN);                 //按钮变绿色
    }
else{
    move_axis[3]=0;                                        //解除选择
    bt_a3.setBackgroundColor(Color.LTGRAY);                //按钮变灰色
    }


}//onClick(View v)
};//Button.OnClickListener bt_a3_click


//按钮 A4
Button.OnClickListener bt_a4_click=new Button.OnClickListener(){
@Override
public void onClick(View v){
Button bt_a4=(Button)findViewById(R.id.button_a4);

if(move_axis[4]==0){
    move_axis[4]=1;                                        //选择
    bt_a4.setBackgroundColor(Color.GREEN);                 //按钮变绿色
    }
else{
    move_axis[4]=0;                                        //解除选择
```

```
        bt_a4.setBackgroundColor(Color.LTGRAY);                    //按钮变灰色
        }

}//onClick(View v)
};//Button.OnClickListener bt_a4_click

//按钮 A5
Button.OnClickListener bt_a5_click=new Button.OnClickListener(){
@Override
public void onClick(View v){
Button bt_a5=(Button)findViewById(R.id.button_a5);

if(move_axis[5]==0){
    move_axis[5]=1;                                                //选择
    bt_a5.setBackgroundColor(Color.GREEN);                         //按钮变绿色
    }
else{
    move_axis[5]=0;                                                //解除选择
    bt_a5.setBackgroundColor(Color.LTGRAY);                        //按钮变灰色
    }

}//onClick(View v)
};//Button.OnClickListener bt_a5_click

//---按钮响应和处理 move+,move-,move_stop---
//按钮 move+
Button.OnClickListener bt_move_plus_click=new Button.OnClickListener(){
@Override
public void onClick(View v){
Button bt_move_plus=(Button)findViewById(R.id.button_move_plus);
Button bt_move_minus=(Button)findViewById(R.id.button_move_minus);

move=1;                                                            //正方向运动
bt_move_plus.setBackgroundColor(Color.GREEN);                      //move+按钮变绿色
bt_move_minus.setBackgroundColor(Color.LTGRAY);                    //move-按钮变灰色

}//onClick(View v)
};//Button.OnClickListener bt_move_plus_click

//按钮 move-
Button.OnClickListener bt_move_minus_click=new Button.OnClickListener(){
@Override
```

```
public void onClick(View v){
Button bt_move_minus=(Button)findViewById(R.id.button_move_minus);
Button bt_move_plus=(Button)findViewById(R.id.button_move_plus);

move=-1;                                            //负方向运动
bt_move_minus.setBackgroundColor(Color.GREEN);      //move-按钮变绿色
bt_move_plus.setBackgroundColor(Color.LTGRAY);      //move+按钮变灰色

}//onClick(View v)
};//Button.OnClickListener bt_move_minus_click

//按钮 move_stop
Button.OnClickListener bt_move_stop_click=new Button.OnClickListener(){
@Override
public void onClick(View v){
Button bt_move_minus=(Button)findViewById(R.id.button_move_minus);
Button bt_move_plus=(Button)findViewById(R.id.button_move_plus);

move=0;                                             //停止
bt_move_minus.setBackgroundColor(Color.LTGRAY);     //move+按钮变灰色
bt_move_plus.setBackgroundColor(Color.LTGRAY);      //move-按钮变灰色

}//onClick(View v)
};//Button.OnClickListener bt_move_stop_click

//---按钮响应和处理 F%+, F%- ---
//按钮 F%+
Button.OnClickListener bt_f_plus_click=new Button.OnClickListener(){
@Override
public void onClick(View v){
if(feed_select<200)feed_select=feed_select+20;
}//onClick(View v)
};//Button.OnClickListener bt_f_plus_click

//按钮 F%-
Button.OnClickListener bt_f_minus_click=new Button.OnClickListener(){
@Override
public void onClick(View v){
if(feed_select>0)feed_select=feed_select-20;

}//onClick(View v)
};//Button.OnClickListener bt_f_minus_click
```

```
//---显示关节位置和运动速度---
private void view_joint_pos(){
String str="";
int i;

//定义位置变量的数字显示格式
DecimalFormat df=new DecimalFormat();
String style="#000.00";
df.applyPattern(style);

//获取显示控件
TextView view=(TextView)findViewById(R.id.textView1);

//圆柱坐标系位置显示

str=str+"  A0:";
str=str+df.format(pt_pos[0]);

str=str+"  R:";
str=str+df.format(pt_pos[1]);

str=str+"  Z:";
str=str+df.format(pt_pos[2]);

str=str+"  A3:";
str=str+df.format(pt_pos[3]);

str=str+"  B:";
str=str+df.format(pt_pos[4]);

str=str+"  A5:";
str=str+df.format(pt_pos[5]);


//速度 F% 显示
str=str+"  F%:"+Integer.toString(feed_select);

//定时器计数 timer 显示
str=str+"  timer:"+Integer.toString(timer);

//显示
```

```
view.setText(str);

}//view_joint_pos()

//---定时器任务---
private void timerTask(int i){
mTimer.schedule(new TimerTask(){
@Override
public void run(){

Message message=new Message();
message.what=1;
handler.sendMessage(message);
}//run()
},i,i);//mTimer.schedule(new TimerTask()
}//timerTask(int i)

//---定时器消息队列---
Handler handler=new Handler(){
public void handleMessage(Message msg){
int i;

switch(msg.what){
    case 1:
        for(i=0;i<ROB_PAR.MAX_AXIS;i++){
            //圆柱坐标系位置计算
            pt_pos[i]=pt_pos[i]+max_speed/60*cycle_time/1000
                *move_axis[i]*(float)move*(float)feed_select/100;

            //圆柱坐标系到关节坐标系变换计算
            joint_pos=cylinder_to_joint(pt_pos);

            //为 OpenGL 提供关节位置
            JOINT.A[i]=joint_pos[i];
            }
        //定时器计数
        timer++;
        //位置、速度 F%、定时器显示
        view_joint_pos();

    }//switch(msg.what)
}//handleMessage(Message msg)
```

```
};//Handler handler=new Handler()

//---圆柱坐标系变换---
public float[] cylinder_to_joint(float[] pt_pos){

float[] joint=new float[ROB_PAR.MAX_AXIS];

float Lp;
float L6T=ROB_PAR.L6+ROB_PAR.LT;
float L5=ROB_PAR.L5;
float b=pt_pos[4];
float w=(float)Math.sin(Math.toRadians(b));
float u=(float)Math.cos(Math.toRadians(b));

float L1w=ROB_PAR.PART1_shift_w;
float L34=ROB_PAR.L3+ROB_PAR.L4;
float L2=ROB_PAR.L2;

//a0
joint[0]=pt_pos[0];

//计算p4位置,公式(9-1)和公式(9-2)
float p4r=pt_pos[1]-(L5+L6T)*u;
float p4z=pt_pos[2]+(L5+L6T)*w;

//计算Lz,公式(9-3)
float Lz=p4z-ROB_PAR.L1;

//计算Lp,公式(9-4)
Lp=(float)Math.sqrt((p4r-L1w)*(p4r-L1w)+Lz*Lz);

//计算关节角度a2,公式(9-5)和公式(9-6)
float a2p=(float)Math.acos((L2*L2+L34*L34-Lp*Lp)/(2*L2*L34));
float a2=(float)(Math.PI/2-a2p);
joint[2]=(float)Math.toDegrees(a2);

//计算关节角度a1,公式(9-7)~公式(9-9)
float A=(float)Math.acos((L2*L2+Lp*Lp-L34*L34)/(2*L2*Lp));
float d=(float)Math.asin(Lz/Lp);
float a1=(float)(Math.PI/2-(A+d));
joint[1]=(float)Math.toDegrees(a1);
```

```
//计算关节角度 a4，公式(9-10)
float a4=(float)(b-ath.toDegrees(a1+a2));
joint[4]=a4;

//复制关节角度 a3 和 a5
joint[3]=pt_pos[3];
joint[5]=pt_pos[5];

return joint;
}
}
```

## 附录 I　gl_robot_pr 的 MainActivity 源程序

```
package com.example.gl_robot_pr;

import java.io.IOException;
import java.text.DecimalFormat;
import java.util.Timer;
import java.util.TimerTask;

import android.os.Bundle;
import android.os.Handler;
import android.os.Message;
import android.app.Activity;
import android.graphics.Color;
import android.view.Menu;
import android.view.View;
import android.widget.Button;
import android.widget.EditText;
import android.widget.LinearLayout;
import android.widget.TextView;

public class MainActivity extends Activity {
//---主程序变量---
MyGLView mGLView;                                        //OpenGL 视窗
int[] move_axis=new int[ROB_PAR.MAX_AXIS];               //运动轴选择标志
int move=0;                                              //运动命令
int feed_select=100;                                     //调速 F%
float max_speed=900;                                     //最大运动速度（度/分）
float[] joint_pos=new float[ROB_PAR.MAX_AXIS];           //关节位置
int timer=0;                                             //定时器计数
```

```
public Timer mTimer=new Timer();                                      //定时器
int cycle_time=50;                                                    //控制周期 50 ms
float[] pt_pos=new float[ROB_PAR.MAX_AXIS];                           //圆柱坐标系位置


_interpolator interpolator=new _interpolator();                      //加载直线插补器
_decoder decoder=new _decoder();                                     //加载译码器


@Override
protected void onCreate(Bundle savedInstanceState){
super.onCreate(savedInstanceState);
//---创建主界面---
setContentView(R.layout.activity_main);
//创建 openGL 视窗
mGLView=new MyGLView(this);
//视窗为线性布局
LinearLayout view_x=(LinearLayout)this.findViewById(R.id.act_main);
//添加 OpenGL 视窗
view_x.addView(mGLView);


//---获取界面布局的按钮和添加监听 A0~A5---
//获取按钮 A0
Button bt_a0=(Button)findViewById(R.id.button_a0);
//添加按钮监听 A0
bt_a0.setOnClickListener(bt_a0_click);


//获取按钮 A1
Button bt_a1=(Button)findViewById(R.id.button_a1);
//添加按钮监听 A1
bt_a1.setOnClickListener(bt_a1_click);


//获取按钮 A2
Button bt_a2=(Button)findViewById(R.id.button_a2);
//添加按钮监听 A2
bt_a2.setOnClickListener(bt_a2_click);


//获取按钮 A3
Button bt_a3=(Button)findViewById(R.id.button_a3);
//添加按钮监听 A3
bt_a3.setOnClickListener(bt_a3_click);


//获取按钮 A4
Button bt_a4=(Button)findViewById(R.id.button_a4);
//添加按钮监听 A4
```

```
bt_a4.setOnClickListener(bt_a4_click);

//获取按钮 A5
Button bt_a5=(Button)findViewById(R.id.button_a5);
//添加按钮监听 A5
bt_a5.setOnClickListener(bt_a5_click);

//---获取界面布局的按钮和添加监听 run,hold,continue---

//获取按钮 run
Button bt_run=(Button)findViewById(R.id.button_run);
//添加按钮监听 run
bt_run.setOnClickListener(bt_run_click);

//获取按钮 hold
Button bt_hold=(Button)findViewById(R.id.button_hold);
//添加按钮监听 hold
bt_hold.setOnClickListener(bt_hold_click);

//获取按钮 continue
Button bt_continue=(Button)findViewById(R.id.button_continue);
//添加按钮监听 continue
bt_continue.setOnClickListener(bt_continue_click);

//---获取界面布局的按钮和添加监听 F%+, F%----
//获取按钮 F%+
Button bt_f_plus=(Button)findViewById(R.id.button_f_plus);
//添加按钮监听 F%+
bt_f_plus.setOnClickListener(bt_f_plus_click);

//获取按钮 F%-
Button bt_f_minus=(Button)findViewById(R.id.button_f_minus);
//添加按钮监听 F%-
bt_f_minus.setOnClickListener(bt_f_minus_click);

//测试关节位置和运动速度显示
view_joint_pos();

//启动定时器
timerTask(cycle_time);

//计算圆柱坐标系的位置初值
pt_pos[0]=0;                                    //a0
```

```
pt_pos[1]=ROB_PAR.PART1_shift_w+ROB_PAR.L3+ROB_PAR.L4
          +ROB_PAR.L5+ROB_PAR.L6+ROB_PAR.LT;                    //R
pt_pos[2]=ROB_PAR.L1+ROB_PAR.L2;                               //Z
pt_pos[3]=0;                                                   //a3
pt_pos[4]=0;                                                   //B
pt_pos[5]=0;                                                   //a5


//初始化插补器位置
int i;
for(i=0;i<ROB_PAR.MAX_AXIS;i++){
    interpolator.p_start[i]=pt_pos[i];                        //起点位置
    interpolator.pi[i]=pt_pos[i];                             //当前位置
    }


}//onCreate()


//---
@Override
public boolean onCreateOptionsMenu(Menu menu){
    //Inflate the menu;this adds items to the action bar if it is present.
    getMenuInflater().inflate(R.menu.activity_main,menu);
    return true;
    }

//---按钮响应和处理 A0~A5---
//按钮 A0
Button.OnClickListener bt_a0_click=new Button.OnClickListener(){
@Override
public void onClick(View v){
Button bt_a0=(Button)findViewById(R.id.button_a0);

if(move_axis[0]==0){
    move_axis[0]=1;                                           //选择
    bt_a0.setBackgroundColor(Color.GREEN);                   //按钮变绿色
    }
else{
    move_axis[0]=0;                                           //解除选择
    bt_a0.setBackgroundColor(Color.LTGRAY);                  //按钮变灰色
    }


}//onClick(View v)
};//Button.OnClickListener bt_a0_click
```

```
//按钮 A1
Button.OnClickListener bt_a1_click=new Button.OnClickListener(){
@Override
public void onClick(View v){
Button bt_a1=(Button)findViewById(R.id.button_a1);

if(move_axis[1]==0){
    move_axis[1]=1;                                    //选择
    bt_a1.setBackgroundColor(Color.GREEN);             //按钮变绿色
    }
else{
    move_axis[1]=0;                                    //解除选择
    bt_a1.setBackgroundColor(Color.LTGRAY);            //按钮变灰色
    }

}//onClick(View v)
};//Button.OnClickListener bt_a1_click

//按钮 A2
Button.OnClickListener bt_a2_click=new Button.OnClickListener(){
@Override
public void onClick(View v){
Button bt_a2=(Button)findViewById(R.id.button_a2);

if(move_axis[2]==0){
    move_axis[2]=1;                                    //选择
    bt_a2.setBackgroundColor(Color.GREEN);             //按钮变绿色
    }
else{
    move_axis[2]=0;                                    //解除选择
    bt_a2.setBackgroundColor(Color.LTGRAY);            //按钮变灰色
    }

}//onClick(View v)
};//Button.OnClickListener bt_a2_click

//按钮 A3
Button.OnClickListener bt_a3_click=new Button.OnClickListener(){
@Override
public void onClick(View v){
Button bt_a3=(Button)findViewById(R.id.button_a3);

if(move_axis[3]==0){
```

```
            move_axis[3]=1;                                        //选择
            bt_a3.setBackgroundColor(Color.GREEN);                 //按钮变绿色
            }
else{
            move_axis[3]=0;                                        //解除选择
            bt_a3.setBackgroundColor(Color.LTGRAY);                //按钮变灰色
            }


}//onClick(View v)
};//Button.OnClickListener bt_a3_click


//按钮 A4
Button.OnClickListener bt_a4_click=new Button.OnClickListener(){
@Override
public void onClick(View v){
Button bt_a4=(Button)findViewById(R.id.button_a4);


if(move_axis[4]==0){
            move_axis[4]=1;                                        //选择
            bt_a4.setBackgroundColor(Color.GREEN);                 //按钮变绿色
            }
else{
            move_axis[4]=0;                                        //解除选择
            bt_a4.setBackgroundColor(Color.LTGRAY);                //按钮变灰色
            }


}//onClick(View v)
};//Button.OnClickListener bt_a4_click


//按钮 A5
Button.OnClickListener bt_a5_click=new Button.OnClickListener(){
@Override
public void onClick(View v){
Button bt_a5=(Button)findViewById(R.id.button_a5);


if(move_axis[5]==0){
            move_axis[5]=1;                                        //选择
            bt_a5.setBackgroundColor(Color.GREEN);                 //按钮变绿色
            }
else{
            move_axis[5]=0;                                        //解除选择
            bt_a5.setBackgroundColor(Color.LTGRAY);                //按钮变灰色
```

```
        }

}//onClick(View v)
};//Button.OnClickListener bt_a5_click

//---按钮响应和处理 run,hold,continue---
//按钮 run
Button.OnClickListener bt_run_click=new Button.OnClickListener(){
@Override
public void onClick(View v){
decoder.load_nc_program();                    //加载数控程序
decoder.working_state=ST.WORKING;             //启动译码器
interpolator.working_state=ST.NULL;           //设置插补器状态为空闲

}
};

//按钮 hold
Button.OnClickListener bt_hold_click=new Button.OnClickListener(){
@Override
public void onClick(View v){
interpolator.working_state=ST.FEEDHOLD;
}
};

//按钮 continue
Button.OnClickListener bt_continue_click=new Button.OnClickListener(){
@Override
public void onClick(View v){
interpolator.working_state=ST.WORKING;
}
};

//---按钮响应和处理 F%+, F%- ---
//按钮 F%+
Button.OnClickListener bt_f_plus_click=new Button.OnClickListener(){
@Override
public void onClick(View v){
if(feed_select<200)feed_select=feed_select+20;
}//onClick(View v)
};//Button.OnClickListener bt_f_plus_click

//按钮 F%-
```

```
Button.OnClickListener bt_f_minus_click=new Button.OnClickListener(){
@Override
public void onClick(View v){
if(feed_select>0)feed_select=feed_select-20;

}//onClick(View v)
};//Button.OnClickListener bt_f_minus_click

//---显示关节位置和运动速度---
private void view_joint_pos(){
String str="";
int i;

//定义位置变量的数字显示格式
DecimalFormat df=new DecimalFormat();
String style="#000.00";
df.applyPattern(style);

//获取显示控件
TextView view=(TextView)findViewById(R.id.textView1);

//圆柱坐标系位置显示

str=str+"  A0:";
str=str+df.format(pt_pos[0]);

str=str+"  R:";
str=str+df.format(pt_pos[1]);

str=str+"  Z:";
str=str+df.format(pt_pos[2]);

str=str+"  A3:";
str=str+df.format(pt_pos[3]);

str=str+"  B:";
str=str+df.format(pt_pos[4]);

str=str+"  A5:";
str=str+df.format(pt_pos[5]);
```

```
//速度 F% 显示
str=str+"  F%:"+Integer.toString(feed_select);

//定时器计数 timer 显示
str=str+"  timer:"+Integer.toString(timer);

//显示
view.setText(str);

}//view_joint_pos()

//---定时器任务---
private void timerTask(int i){
mTimer.schedule(new TimerTask(){
@Override
public void run(){

Message message=new Message();
message.what=1;
handler.sendMessage(message);
}//run()
},i,i);//mTimer.schedule(new TimerTask()
}//timerTask(int i)

//---定时器消息队列---
Handler handler=new Handler(){
public void handleMessage(Message msg){
int i;

EditText nc_prog=(EditText)findViewById(R.id.editText1);

switch(msg.what){
  case 1:
      if(decoder.working_state==ST.WORKING){
        if(interpolator.working_state==ST.NULL ||
              interpolator.working_state==ST.FINISH){
          //译码一个程序段
          decoder.decoder(pt_pos);
          nc_prog.append(decoder.nc_block_view);

          //加载圆柱插补器数据
          for(i=0;i<ROB_PAR.MAX_AXIS;i++){
```

189

```
                    interpolator.p_start[i]=pt_pos[i];          //起点位置
          interpolator.p_end[i]=decoder.pos_end[i];            //终点位置
            }
          interpolator.v_prog=decoder.prog_speed;             //运动速度

          //启动插补器
          interpolator.working_state=ST.PREPARE;
          }//if(interpolator.working_state==ST.NULL
        }//if(decoder.working_state==ST.WORKING)

    //圆柱坐标系位置插补计算
    interpolator.active(feed_select);
    for(i=0;i<ROB_PAR.MAX_AXIS;i++)
        pt_pos[i]=interpolator.pi[i];

    //圆柱坐标系到关节坐标系变换计算
    joint_pos=cylinder_to_joint(pt_pos);

    //为 OpenGL 提供关节位置
    for(i=0;i<ROB_PAR.MAX_AXIS;i++)
        JOINT.A[i]=joint_pos[i];


    //定时器计数
    timer++;
    //位置、速度 F%、定时器显示
    view_joint_pos();

  }//switch(msg.what)
}//handleMessage(Message msg)
};//Handler handler=new Handler()

//---圆柱坐标系变换---
public float[] cylinder_to_joint(float[] pt_pos){

float[] joint=new float[ROB_PAR.MAX_AXIS];

float Lp;
float L6T=ROB_PAR.L6+ROB_PAR.LT;
float L5=ROB_PAR.L5;
float b=pt_pos[4];
float w=(float)Math.sin(Math.toRadians(b));
```

```
float u=(float)Math.cos(Math.toRadians(b));

float L1w=ROB_PAR.PART1_shift_w;
float L34=ROB_PAR.L3+ROB_PAR.L4;
float L2=ROB_PAR.L2;

//a0
joint[0]=pt_pos[0];

//计算 p4 位置，公式(9-1)和公式(9-2)
float p4r=pt_pos[1]-(L5+L6T)*u;
float p4z=pt_pos[2]+(L5+L6T)*w;

//计算 Lz，公式(9-3)
float Lz=p4z-ROB_PAR.L1;

//计算 Lp，公式(9-4)
Lp=(float)Math.sqrt((p4r-L1w)*(p4r-L1w)+Lz*Lz);

//计算关节角度 a2，公式(9-5)和公式(9-6)
float a2p=(float)Math.acos((L2*L2+L34*L34-Lp*Lp)/(2*L2*L34));
float a2=(float)(Math.PI/2-a2p);
joint[2]=(float)Math.toDegrees(a2);

//计算关节角度 a1，公式(9-7)~公式(9-9)
float A=(float)Math.acos((L2*L2+Lp*Lp-L34*L34)/(2*L2*Lp));
float d=(float)Math.asin(Lz/Lp);
float a1=(float)(Math.PI/2-(A+d));
joint[1]=(float)Math.toDegrees(a1);

//计算关节角度 a4，公式(9-10)
float a4=(float)(b-Math.toDegrees(a1+a2));
joint[4]=a4;

//复制关节角度 a3 和 a5
joint[3]=pt_pos[3];
joint[5]=pt_pos[5];

return joint;
}
}
```

# 参 考 文 献

［1］吴亚峰，于复兴，杜化美. Android 游戏开发大全［M］. 2 版. 北京：人民邮电出版社，2013.

［2］软件开发技术联盟. Android 自学视频教程［M］. 北京：清华大学出版社，2014.

［3］郇极，刘喆，胡星，等. 基于平板电脑的数控系统和软件设计［M］. 北京：北京航空航天大学出版社，2013.

［4］柯元旦，宋锐. Android 程序设计［M］. 北京：北京航空航天大学出版社，2011.